図解

眠れなくなるほど面白い

植物の話

監修

植物学者　静岡大学教授

稲垣栄洋

HIDEHIRO INAGAKI

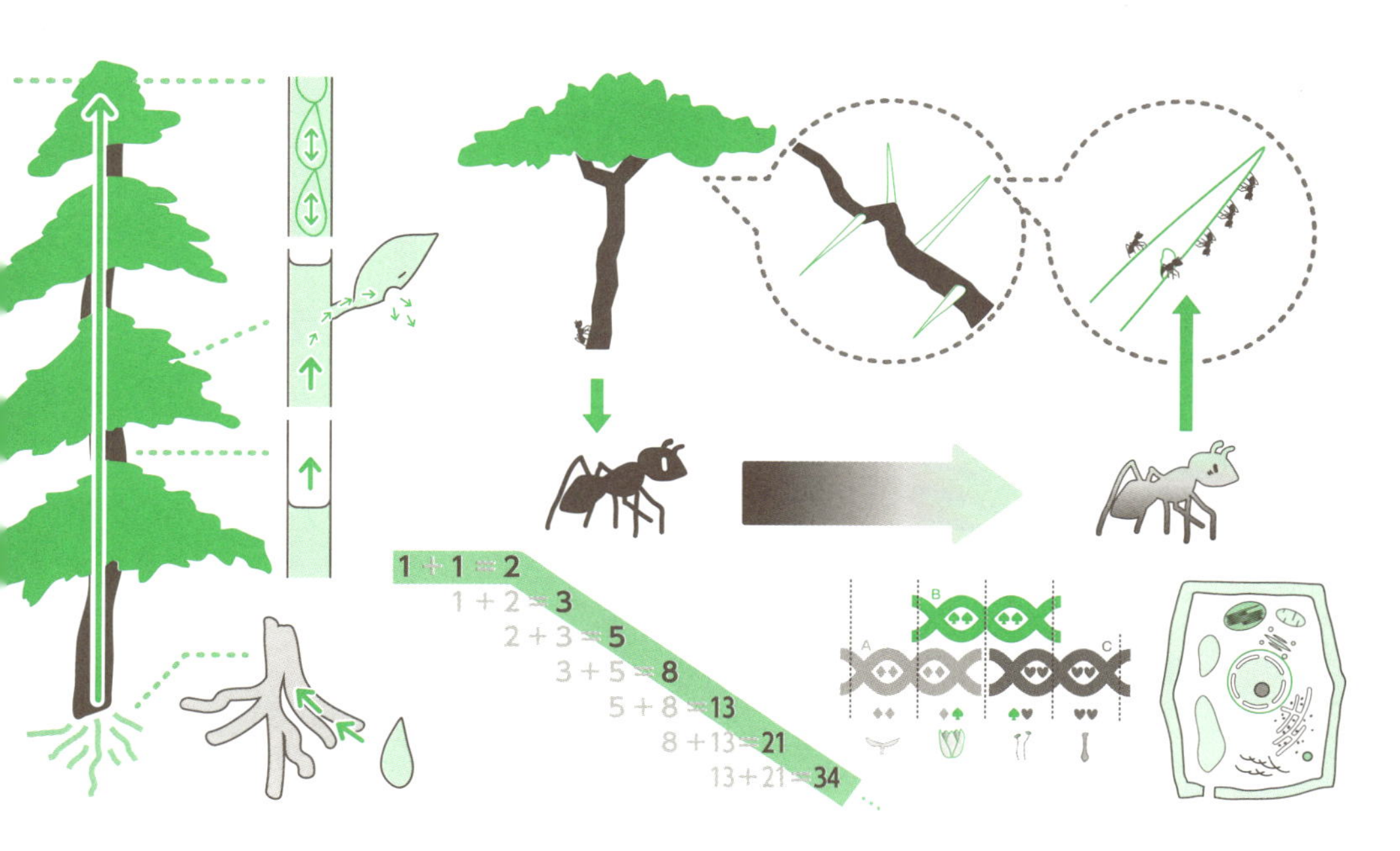

日本文芸社

はじめに

この世のものとは思えないような奇妙な生き物を想像してみてください。

たとえば、高さ百メートルにもなるような巨大な生き物はどうでしょうか。これは三十階くらいの高層ビルに匹敵する大きさです。

目も口もないような生き物はどうでしょうか。さらに、その生き物には手足さえもありません。動き回ることもなく、エサを食べることもないのです。

あるいは、上半身を地面に潜り込ませて、下半身を地面の上に出している「さかさま生物」を想像してみても奇妙です。

この奇妙な生き物こそが、植物です。

植物は百メートルを超えるような巨大な木となることがあります。植物は、目も口もなく、動き回ることもありません。そして、太陽の光を浴びるだけで栄養を作りだすことができるのです。

古代ギリシアの哲学者アリストテレスは、植物を評して「植物は、逆立ちした人間である。」と言ったそうです。人間は栄養を摂る口は、体の上にありますが、植物は、栄養を摂る根は体の下にあります。そして生殖器官である花を高々と掲げているのです。

何という奇妙な生き物なのでしょう。


緑の惑星である地球は、そんな奇妙な生き物たちであふれています。

そして、私たちの暮らしの身近なところにも、植物はたくさんあります。

山を見れば緑の木々で覆われ、野を見ればさまざまな草花が咲いています。道ばたには雑草が生え、花壇には色とりどりの植物が私たちの目を楽しませてくれています。私たちが食べる米や野菜も植物ですし、建物の柱となる木材も、元々は植物です。そして、私たちは正月には門松を飾り、春には桜の花を愛でて、秋には紅葉狩りを楽しみます。これらもすべて植物です。

しかし、私たちはこの愛すべき奇妙な生物のことをよく知らないのではないでしょうか。

この生物の正体を知れば知るほど、皆さんは自然の偉大さに驚かずにいられないことでしょう。生命の営みの不思議さに目を見張ることでしょう。そして、そのあまりの奇妙さに眠れなくなってしまうかも知れませんから、注意が必要です。

さあ、眠れなくなるほど面白い植物の物語の始まりです。

２０１９年２月

静岡大学教授　稲垣栄洋

CONTENTS

2章 今さら人に聞けない植物の「基本」

3章 見た目が9割? 植物の「形」と戦略

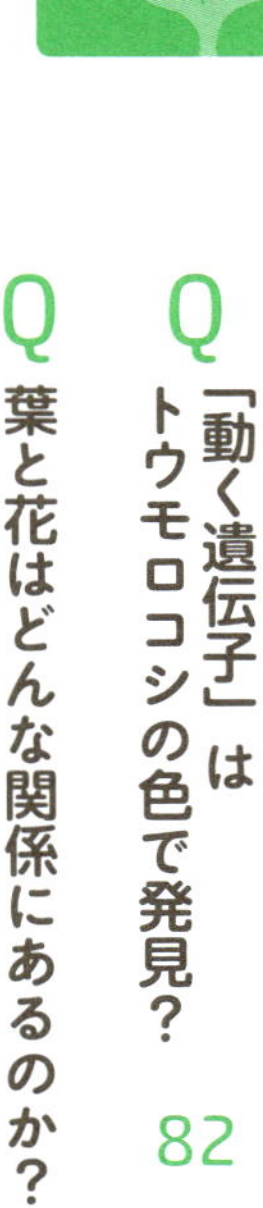

4章 毎日がサバイバル 植物の「環境」活用法

5章 すべてはごちそうのため 植物と「光エネルギー」

Q 世界一大きい花は？

A 直径ではラフレシア、高さではショクダイオオコンニャク

世界一大きな花といえば、インドネシアのジャングルで咲くラフレシアが有名です。他の植物に寄生して花が咲き、直径1mにもなります。

ほかに、高さ3mにもなる大きな花があります。インドネシアのスマトラ島の熱帯雨林に、**最短で2年に一度（数年に一度）、2か月ほどかかって2日ほどしか咲かない、サトイモ科の花、ショクダイオオコンニャク（燭台大蒟蒻）です。**

燭台とはロウソク立てのことで、蒟蒻はサトイモの球状の地下茎（塊茎（かいけい））から作る食品のことです。名前が表すように、大きなロウソク立てのような花を咲かせます。まるでタケノコが地下茎から地面を突き破って出てくるように、花は塊茎から直接地上に向かって地面を突き破りながら、花びらを大きく開いていきます。その咲き方と姿かたちはとてもワイルドです。

花といっても、正確には葉の変形した仏炎苞（ぶつえんほう）とよばれる花びらの中心から、上に向かって立ったロウソクのような部分の下に、たくさんのおばなとめばなが隠れています。

ここからが見せ場です。ロウソクの部分が37℃くらいまで発熱します。すると中から肉の腐ったような強烈な臭いがロウソクの先端から流れてきます。この臭いはジャングルの遠くまで広い範囲にわたって漂っていくのです。

これは甲虫などの昆虫（送粉昆虫）を呼ぶためです。なにしろ2日の猶予しかないので、さっさと受粉し、種子を作らないと子孫を残せません。

日本では、サトイモ自体の花を見る機会はあまりありませんが、サトイモ科の花には、有名なアンスリウムやスパティフィラムなどがあり、美しい花や葉を鑑賞するために栽培されています。

1 直径世界一はラフレシア

ツル植物の根に寄生して悪臭を出すラフレシア・アルノルディイ。咲くと数十万個の種子ができるといわれ、そのために大きな花になったと推測されている（詳しくは 117 ページ参照）。

2 高さ3mのショクダイオオコンニャク

ショクダイオオコンニャクは、記録によると、高さ3.5m に達した花もあるという。一度咲くと数年は咲くことはなく、塊茎の状態で休眠する。

ココに引き込まれる

ショクダイオオコンニャクの英名はタイタン・アルム（巨大サトイモ）という情緒のない名前。ほかのサトイモ科の花にも、咲くと強烈に臭いザゼンソウがあり、やはり発熱する。

Q 世界一大きい樹木は？

A 幹の太さではメキシコのトゥーレの木といわれているが……

巨木あるいは巨樹というと、高さよりもむしろ太さが問題となります。**幹が太ければ樹高も高く、枝ぶりも立派なものが多いので、太さがまず基準となるのです。**

世界中の人間は昔から巨樹に神秘と恐れ、畏敬の念を抱き、そこに神が宿るとしてきたことは、神話や伝承などから伺えます。

日本の樹木で最大の幹周りを誇る木は、鹿児島県始良市（あいらし）、蒲生八幡神社境内にある蒲生の大楠（クスノキ）です。国の特別天然記念物で樹齢は推定約1500年。幹周り24・2m、高さ30mという古来神木とされてきた木です。

日本では幹周り12m以上の巨木は117本あり、内訳はクスノキ48本、スギ24本、イチョウ18本、カツラ11本、ほかにケヤキ、ガジュマルなど、6種類の樹木が各1～5本と続きます。

人が両腕を広げると、ほぼ身長くらいの長さになります。すると**身長1.7mの人が日本一の木の幹周りに腕を広げて囲むと、およそ14人以上の人が必要となります。**

世界を見ると、ギネスブックに登録されたメキシコのトゥーレの木（スギ科）の幹周りは、公式では36・2mでしたが、高さ1.3mでの計測値は45mだったという文献もあります。両腕を広げた身長1.7mの大人が26人以上いてやっと囲めるくらいの太さです。

このクラスの太さは、南アフリカにあるBig Treeとよばれるバオバブの木にもあります。

さらにアメリカ・カリフォルニアには幹周り約31～33mのセコイアデンドロン(スギ科)の木が2本あり、南北戦争当時の北軍の将軍の名がつけられています。高さは80mを超えていますが、高さの点では世界一ではありません（108ページ参照）。

1 有名巨樹の幹周りと樹高比べ

ここに紹介した巨樹は、幹周り 24m 以上、樹高 30m 以上だ。しかもどれも樹齢は 1500 年以上と推定されている。

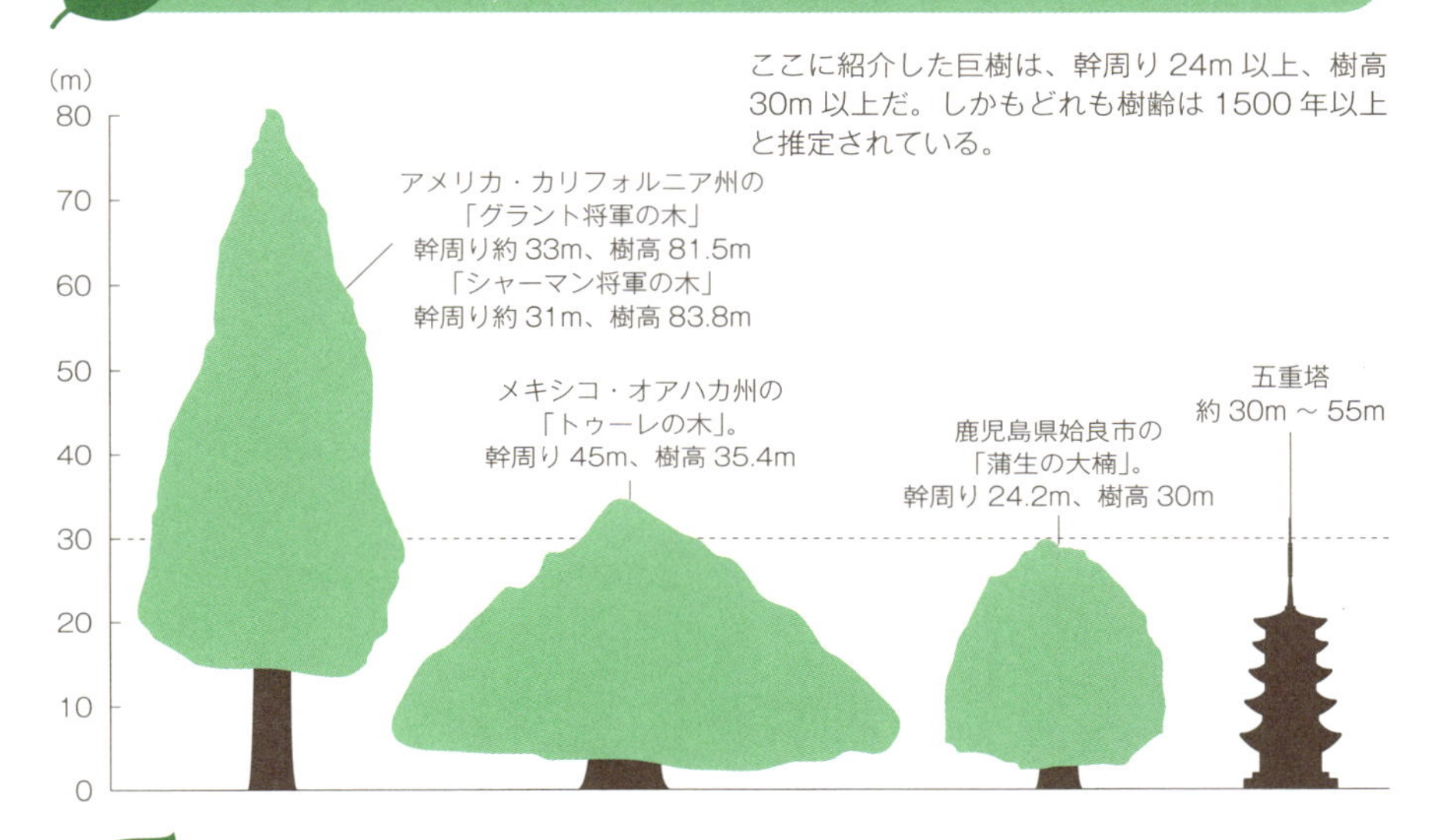

2 世界には未知の巨樹がまだあるかもしれない

南アフリカ共和国にある幹周り 45.1m というバオバブの巨樹。樹高は不明。

ⓒ吉田繁

ココに引き込まれる

樹木は、どこまでも大きく成長し、長寿命だ。太陽と雨さえあれば、人などいなくても維持できる。地球は植物の王国だ。

Q 世界一種類の多い花は？

A バラは3万種、ランは野生種で2万6000種

バラは花の女王ともよばれ、昔から品種改良がなされ、いまでも新種のバラが開発されています。その数、世界で3万種ともいわれます。

一方で、もとをたどると原種は10種類ほどです。バラ以外で種類の多い花は、ランです。品種改良によらない野生種でも、およそ2万6000種もあります。花の数を競うなら、バラのほうが種類が多いものの、野生種だけではランが多いといえます。

ランは恐竜時代の終わり、白亜紀後期に出現した最後の被子植物です。ランは花の姿かたちに多様性があり、被子植物のなかでもっとも種類が豊富です。

そのため、観賞価値が高いものが多く、栽培や品種改良が世界中で行われています。また野生種のランの一つひとつには、花粉を運ぶ昆虫がそれぞれ決まっていて、被子植物の中では進化した受粉の仕方をします。しかし近年、野生のランが絶滅し、ランの蜜を求めてともに生きてきた昆虫も危機に瀕しています。**生命の多様性が失われる危険性は、ランに象徴的に表れているといえます。**

開店祝いなどでよく見かける花はラン科のなかでもコチョウラン（胡蝶蘭）です。大きく白い清楚なチョウが何頭も舞っているような様子は、いかにも幸運と繁栄を運んでくれそうな雰囲気を醸し出しています。

コチョウランは本来、フィリピン諸島から台湾南部にかけて自生するファレノプシス・アフロディテ（コチョウラン属）につけられた和名です。このアフロディテや自生地がオーストラリアにまで及ぶファレノプシス・アマビリス（コチョウラン属）などを原種として品種改良が行われ、大輪の花や中くらいの花を咲かせるコチョウランが1年中安定して出荷されています。

1 コチョウランは人間に愛されている

コチョウラン（胡蝶蘭）の「胡蝶」はチョウの別の言い方。ランの英名はオーキッド（orchid）。ギリシア語で睾丸を意味する言葉から。花が蛾（moth）に似て見えたことに由来して、英語では moth orchid ともよばれる。

2 花はどうやって昆虫を招くか

〈人の目で見た菜の花〉

〈昆虫の目で見た菜の花〉

昆虫の目には花はどう見えているのか。それを知るため、昆虫に見える紫外線で撮影することができるようにすると、同じ花が全く違って見える。おしべ、めしべの周りは濃く、しかも花弁にはそこに至る道筋まで浮き上がってくる。これは昆虫が確実に蜜のありかを知り、花粉を運ぶための、ガイドラインなのだ。花にとって色は人間を喜ばせるためのものではなく、昆虫を招くためのしかけなのだ。

アブラナ科の菜の花。紫外線を吸収した部分が黒く映る。

写真：福原達人（福岡教育大学教授）

ココに引き込まれる

ランの種類によって蜜をもらいに来る昆虫は決まっている。その代わり、ランは花粉をその昆虫に運ばせる。花のさまざまな形は、そのためのしかけなのだ。

Q 世界一長生きの植物は？

A 樹齢5000年を超える世界一の長寿マツの秘密

アメリカのカリフォルニアにあるインヨー国立森林公園のホワイトマウンテンの3000mの斜面は、アルカリ性で白く荒涼とし、年間降水量もごくわずかという乾燥した傾斜地で、植物にはとても厳しい環境です。

斜面沿いにはまるで枯れたような木々があちらこちらに不気味に立ちすくんでいます。なかには本当に枯れて死んだ木もありますが、鋭いトゲのような緑の葉がついている木もあり、生きています。これは針葉樹でマツ科の植物です。現地ではブリッスル・コーンパイン（和名イガゴヨウマツ）とよばれ、枯れ木に見えても生きている木は、どれも樹齢4000年を超えています。

このなかに樹齢5000年以上という、ピラミッドより古い木があります。これは2013年に、気候変動や年輪測定、考古学研究などで定評のあるアリゾナ大学の年輪研究所の研究者が測定した結果です。**測定方法は、年輪測定でよく使われるクロス・デーティング法によっています。**こうして1本の木として最高樹齢のマツ科の木が発見されました。

樹齢千年以上の樹木は世界に何本あるのでしょうか。年輪測定などの方法で樹齢が確立されている木は、数十本あります。そのどれもが樹齢1500年以上で**最高樹齢**は5000年を超えます。ほかに樹齢千年を超えるといわれる木はやはり数十本知られていますが、多くが推定年代で、しっかりと樹齢が確立された木々ではありません。

さらに幹が枯れても、根から新芽が出てクローン成長して幹（寿命数百年）になるという木々が世界にはあります。これらは実に1万年から8万年にわたって生きてきましたが、クローン成長した部分の合計年数で、一本の木の樹齢ではありません。

1 ブリッスル・コーンパインの長寿の秘密

インヨー国立森林公園のイガゴヨウマツ。アルカリ性で湿気がほとんどない痩せた土地で生きていくために、樹木としての新陳代謝を最小限にして環境に適応し、長寿を獲得している。生きているかどうかは、40年はもつという針葉があるかどうかで判断する。

2 樹齢の調べ方 ── クロス・デーティング法とは

生きている木と枯れた木の年輪の共通部分を探し、それをつなげて寿命を推定する

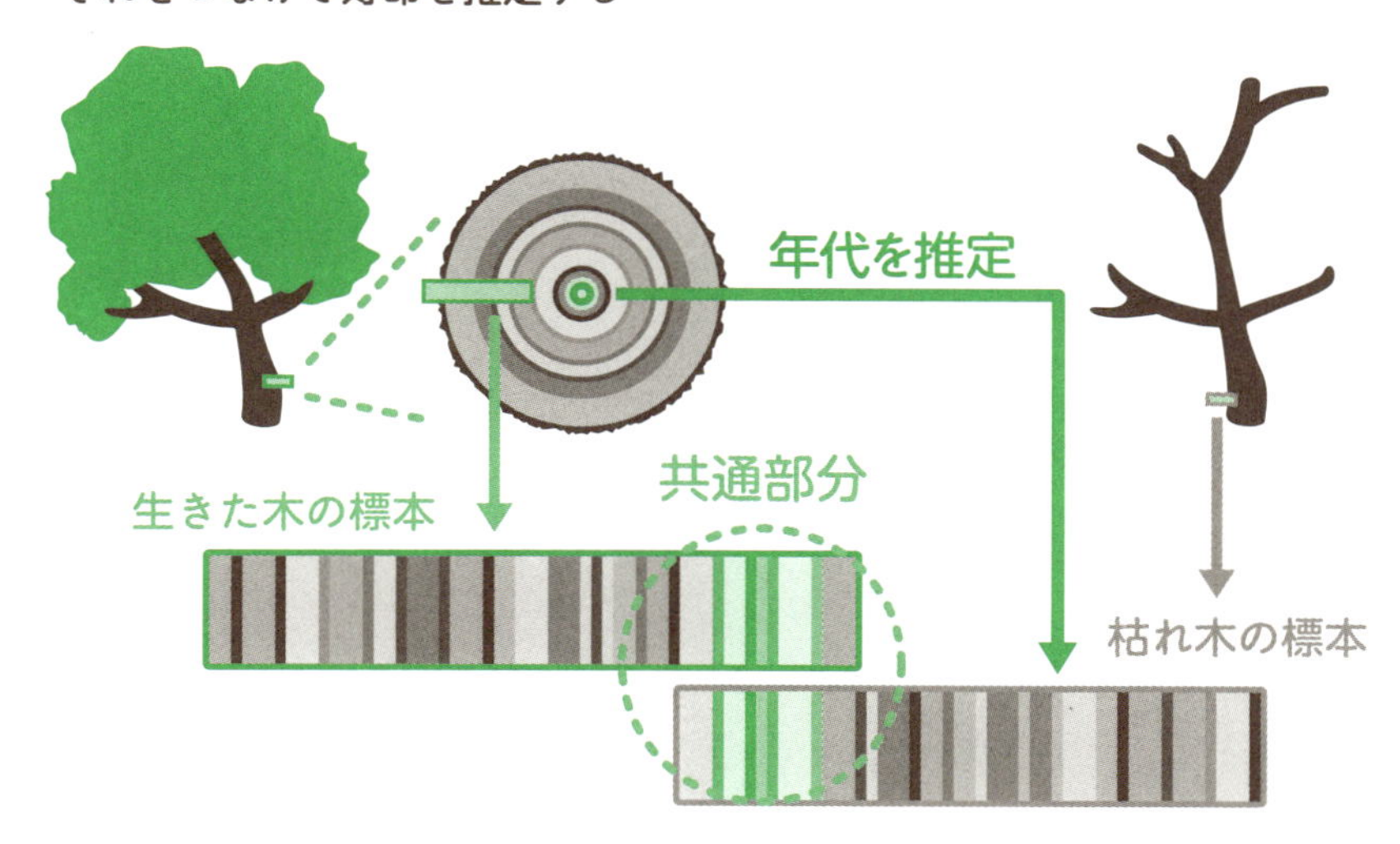

ココに引き込まれる

樹木は、あらゆる生物のなかで一番長寿命。一見枯れ木に見えるブリッスル・コーンパインは、緑の葉や芽があれば光エネルギーの力で生き延びることができる。

COLUMN 1

世界一背の高い草？　プヤ・ライモンディ

プヤ・ライモンディは、南米ボリビアのアンデス山脈の高地に自生するパイナップル科の植物。標高４０００m以上の高地で１００年過ごし、最後に巨大な塔のような花（花序：小さな花の集まり）を咲かせ、30万～40万個の種子を残してから枯れる。

プヤ・ライモンディは、花をつけるのに70～１００年はかかり、「センチュリー・プラント」ともよばれている。球状の葉は、直径、高さとも４mで、花は高さ５～10mにもなる。静岡大学の現地調査によれば、枯れた花の茎は、石造りの家の支柱や梁、門の支柱にできるほど頑丈だという。

1章

知らないと損する？
身近な植物のすごい「才能」

Q「染井吉野」はなぜ一斉に咲く？

A クローン植物だから、性質や成長のしかたが同じ

世界（といっても北半球の温帯地域）には、およそ100種の桜の野生種があり、その1割の10種が日本の野生種です。日本ではこの10種からの変種が100種以上自生し、200種以上の栽培品種があるといわれています。

染井吉野は江戸時代末期につくられた栽培品種のひとつで、日本の野生種、大島桜と江戸彼岸をかけ合わせて生まれました。

染井吉野の片親である大島桜は、白く大きい花弁が美しかったので、鎌倉時代以降いろいろな品種が大島桜から生まれました。

もう片方の親、江戸彼岸は、赤みのある小さい花です。長命で大きく育つことから、天然記念物となる名木が多い品種です。

染井吉野は日本の桜の2つの名花から生まれた、由緒正しい名花ということになります。

染井吉野は自家受粉ができないので、接ぎ木（28ページ参照）によって増やします。**接ぎ木で増える植物はクローン、すなわち遺伝子が全く同じです。したがって染井吉野は、一斉に咲いたり散ったりすることになります。**葉が出る前に木が花で美しく覆われるので、人気が出て全国各地に広まりました。

しかし染井吉野の親については、長年疑問がかけられていました。大島桜については異議がなかったのですが、江戸彼岸が本当の親なのか、山桜ではないのか、あるいは親は外国産なのではという問題です。国際的にも認知されず、混乱がありました。

ここで登場するのが最新のDNA分析です。2016年、形態学や集団遺伝学、分子系統学の最新の知見も加えて、従来説の通り、純国産の桜であることが確認されました。染井吉野が生まれて、実に150年たってからの科学的な証明でした。

1 染井吉野は、日本の2大名花から生まれた

大島桜

2016年、国立研究開発法人森林総合研究所は、岡山理科大学との共同研究で、染井吉野は大島桜、江戸彼岸から生まれた純日本産の桜であることを明らかにした。

交配によって誕生
染井吉野

染井吉野の接ぎ木

接ぎ木の方法はいくつかあり、ここでは「切り接ぎ」を紹介（ほかの方法は、28ページ参照）

芽のあるソメイヨシノの小枝を用意し、皮を少しはぎとって、穂木とする

穂木と台木がぴったり接着するように整えて押さえる

穂木と台木が分離しないようにテープでしっかり固定する

2 おもな桜の「咲く地域」と「花と葉の特徴」

〈名前〉	〈咲く地域〉	〈花と葉の特徴〉
山桜	東北南部～九州	白い花、赤い若葉
霞桜	北海道～九州北部	白い花、褐色・黄緑色の若葉
大山桜	北海道～九州	赤みのある花、赤い若葉
大島桜	伊豆諸島、伊豆半島など	白い大きな花、緑の若葉
江戸彼岸	本州～九州	赤みのある小さい花、花の時期に若葉は出ない
染井吉野	北海道南西部～九州	赤みのある大きい花、花の時期に若葉は出ない

ココがすごい

染井吉野は接ぎ木や挿し木で増やす。植栽して5年もすれば一人前になるが、ほかの桜は10年もかかる。これも全国的に普及した理由のひとつ。

Q 花の女王はバラ。では雑草の女王は？

A 庭や畑の嫌われ者、メヒシバ

雑草という言葉には、打たれ強くへこたれない強い植物というイメージがあります。しかし実際は、ほかの植物との競争に弱く、森林のように競争に強い植物が多いところには生えません。

強い植物のいない、よく踏まれる道端や、街路樹の植え込みの中、草刈りされる公園や田畑といった逆境で生きていくしかありません。

雑草に限らず、植物にとって一番大切なことは、花を咲かせて種子を残すことです。立ち上がるより、踏まれたまま姿勢を低くし、地べたを這いながら花を咲かせる、それが逆境の中でしなやかに、したたかに生きる雑草の姿です。

日本の主要な**雑草で除草の対象になっているのが、「雑草の女王」とも称されるメヒシバ（雌日芝）です。**名前を聞いても「あーあれね」とはいかないかもしれません。日本の植物学の父といわれる牧野富太郎博士の有名な言葉によれば、「雑草という名の植物はない」わけですから、どんな雑草にも立派な名前があります。**メヒシバは道端、農道、花壇、コンクリートの隙間、全国いたるところで見ることのできるごく普通の雑草ですから、**写真を見れば「なーんだ、これか」ということになります。

メヒシバは、1個体で万単位の花（小穂）をつけ、突然変異の可能性が高いのです。これはどんな環境にも適応できる能力を獲得する可能性があるということを意味します。

さらに**種子の増え方は、自殖（自家受粉）がメインですから、自分だけで子孫を増やせます。**また切断されても、節から再生し、性によらない栄養繁殖で増え、とても繁殖力の強い雑草です。このようなことから、メヒシバはどこにでも生える能力を持つのではないかと推測されています。

1 見ればすぐにわかる、どこにでもあるメヒシバ

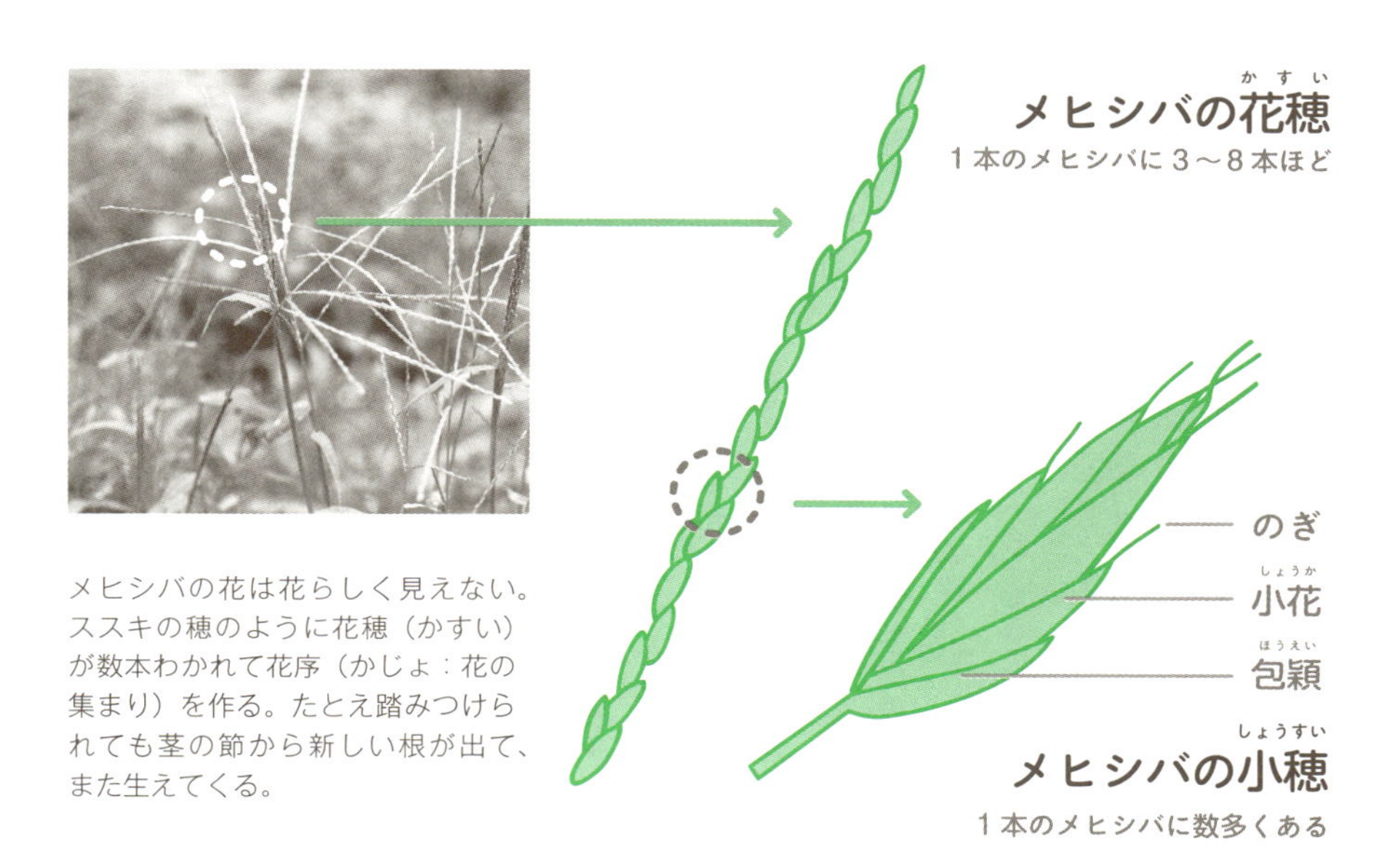

メヒシバの花は花らしく見えない。ススキの穂のように花穂（かすい）が数本わかれて花序（かじょ：花の集まり）を作る。たとえ踏みつけられても茎の節から新しい根が出て、また生えてくる。

2 踏まれないと弱ってしまう雑草、オオバコ

雑草の中でオオバコ（大葉子：オオバコ科）は、日本全国の高地から平地までの野原や荒れ地、道端などでよく見かける雑草だ。踏みつけに強く、踏みつけが弱いと逆にほかの草に負ける。しかし種子が濡れるとゼリー状の物質を分泌し、踏んだ足裏にくっついて分布を広げるスゴ技の持ち主だ。

ココがすごい

雑草の強さは、競争相手のいないところならば、どこでも生きていける強さだ。特に雑草の女王メヒシバには、どんな環境にも適応できる可能性が。

Q 刺身に添える花は、ただの飾り？

A 刺身のつまは、祖先伝来の抗菌の知恵

スーパーなどで、刺身セットや握りずしセットを買うと、千切りダイコンやシソの葉がついています。場合によっては小さな菊が添えられていることもあります。これらは単なる飾りではなく、抗菌作用があります。

小さな菊は栽培された食用菊で、花びらを醤油に浮かべて香りと食感を楽しみます。花には毒素を分解する酵素が含まれているのです。ほかにつまとして使われる**ワサビ、ニンニク、大根、ニンジン、青じそ、シソの実、花穂（かすい）（咲きかけのシソの花）、タデ、ハマボウフウ（セリ科）、パセリ、レモンなどにも抗菌作用や臭み消しなどがあります。**

折詰弁当につけられている緑のプラスチックは、ハランの葉の代わりです。ハランや笹の葉（笹寿司）、柿の葉（柿の葉寿司）には防腐効果が、柏餅の葉には、香りづけ、抗菌、保湿などの効果があります。

江戸時代中期以降、江戸の街にはファストフードの屋台見世（店）がたくさんありました。「二八（そば）」、「天婦羅」、「寿し」などと大きく書かれた屋台店を目当てに江戸っ子がやってきました。

屋台には握り寿司がずらっと並べられ、ガリも添えられていました。せっかちな江戸っ子は寿司を食べると、指がべたべたするので、ガリをさわって拭いたといいます。寿司を食べ終わったら、そのガリも食べました。**ガリをつくる生姜と食酢には、抗菌作用があります。**

寿司ネタの生魚は体を冷やしますが、生姜の辛み成分には胃腸を整え、体を温める作用もあるので、外で食べるにはもってこいの食材でした。

江戸には屋台だけでなく、料理店もたくさんあり、食文化が花開きましたが、そこには祖先伝来の植物の葉や花を利用する知恵が働いていました。

1 抗菌作用や、疲労回復効果のある植物

ワサビ

殺菌、血栓予防、豊富なビタミンCによるシミ・ソバカスへの美容効果、抗がん作用など

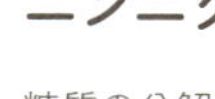

ニンニク

糖質の分解に効果があるビタミンB1が豊富。疲労回復など

レモン

ビタミンCが豊富。すっぱさの元はクエン酸。ビタミンCとクエン酸は、免疫力促進や疲労回復など

大根

デンプンを分解する酵素であるジアスターゼが豊富で、消化を助けたり、胃のもたれや胸やけなどに効果

ニンジン

ニンジンの色素カロテンは、体内でビタミンAに変換され、活性酸素を抑え生活習慣病の予防や免疫力を高める効果

パセリ

鉄分とビタミンCの含有量は、野菜のなかでトップクラス。鉄分は貧血予防効果も

2 刺身のツマの菊には、解毒作用がある

刺身についている花をタンポポと間違っている人も少なくないようだが、これはキク。奈良時代に中国から伝わり、現在も食用菊として栽培されている。薬用としてのキクは「菊花」とよばれ、「グルタチオン」という体内の解毒物質の生成を促進するといわれている。菊花ほどの解毒物質促進作用はない食用菊だが、コレステロールや中性脂肪を低下させるなどの効果があるという研究もある。

ココがすごい

料理につけるつまや緑の葉には、毒除け、腐敗防止、香りづけ、抗菌などの効果があり、昔からあった日本の知恵。

Q なぜ野菜は1日350グラム以上必要なの？

A 賢く食べれば、健康増進と生活習慣病などの予防になる

野菜にはビタミン・ミネラル・食物繊維など、体の調子を整え、体の機能を正常に維持する大切な栄養素が含まれています。さらに免疫力の向上や抗酸化作用があるともいわれています。このように、野菜には健康面でさまざまな効能がありますので、野菜不足になりがちな現代人にとって、野菜をあまり食べないことは実にもったいない話です。

平成21年の国民健康・栄養調査（厚生労働省）では、**国民1人1日の平均的な野菜摂取量は295gほどしかなく、1日に350g以上の野菜を摂取する目標を策定しました。**特に若い世代の野菜摂取量が少なく、平成29年の調査では20歳〜39歳で270g以下となっています。

サプリメントや栄養補助食品でビタミンや食物繊維を補給している人も多いのですが、補助食品では、野菜・果物に含まれる多様な栄養素とその相互作用までを、体内にとり入れることは難しいとしています（農林水産省）。

野菜・果物には、ビタミン、ミネラル、食物繊維などが豊富に含まれています。ビタミンは発がん物質の生成や活性酸素の発生を抑制し、ミネラルのカリウムには血圧を下げる働きもあります。食物繊維は腸を掃除し、糖尿病などの生活習慣病の予防になるといわれています。**野菜・果物を食べたほうが疾病の予防効果が期待できるので、1日350g以上食べましょうというわけです。**

しかし多忙な現代人にとって、350gをどうやって食べるか、それが問題です。朝、昼、晩に120gの野菜を1皿加えればいいのですが、いったいどのくらいの量なのか、考えるのも面倒というのが、特に若い人に多いのではないでしょうか。そこで参考となる目安を左ページに用意しました。

1 1日の野菜摂取量の目安

生なら両手で３杯

茹でたら片手で３杯

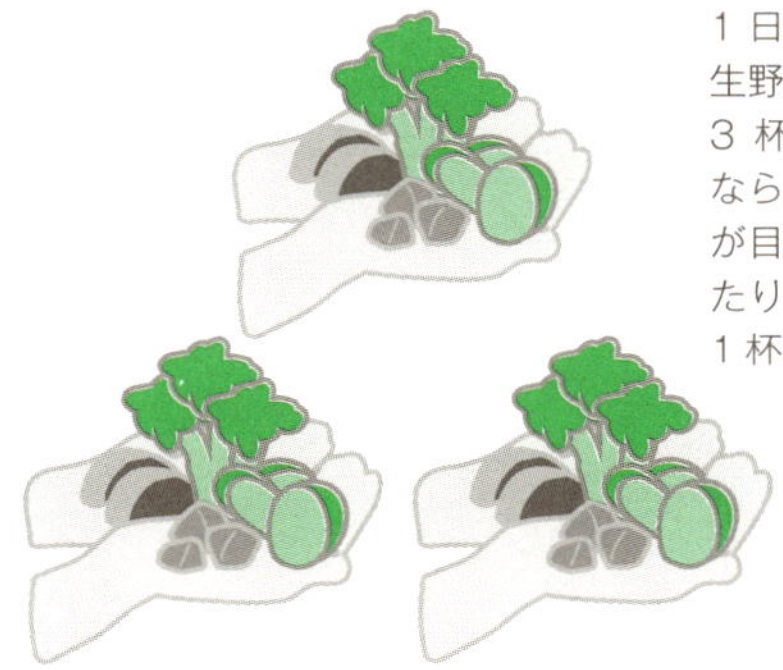

1 日の野菜摂取量は、生野菜なら「両手で 3 杯」、茹でた野菜なら「片手で 3 杯」が目安です。1 食あたりなら、それぞれ 1 杯になります。

2 まだまだ少ない野菜摂取量

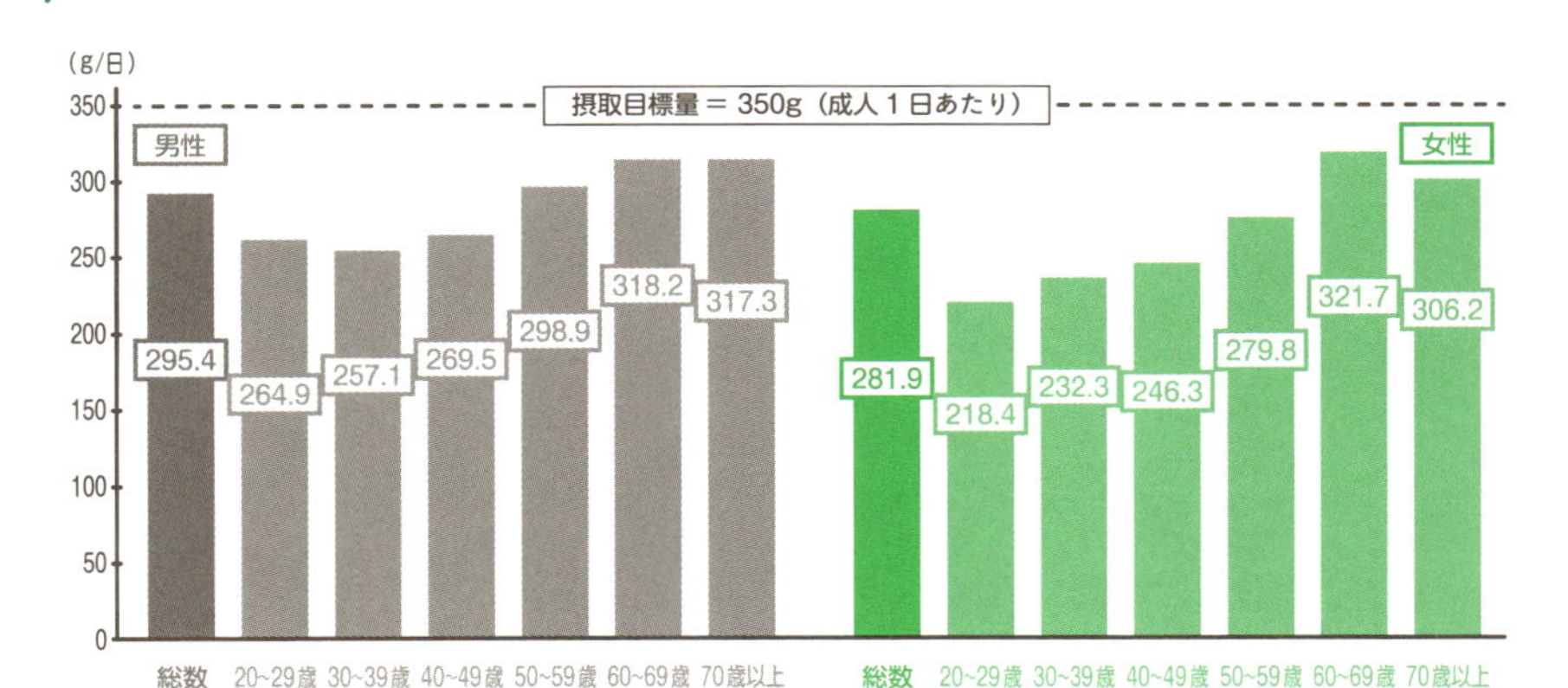

世代別、男女別の 1 日平均の野菜摂取量（平成 29 年 厚生労働省）

ココがすごい

野菜はビタミンなどの各種の栄養が豊富。栄養補助食品だけでは、野菜が本来もつ栄養素などをすべてとり入れる効果は期待できない。1 日 350g の野菜摂取が大切。

Q. キノコは植物にカウントされない？

A 植物ではないが、植物と関係が深い

キノコはコケやシダのように胞子（キノコの生殖細胞）で増えますが、植物ではなく菌類というものです。

生物全体は3つの「界」に分けられます。「植物界」「動物界」「菌界」です。菌類はこの菌界に属する生物です。

菌類といっても大腸菌のような細菌とは異なります。ちなみに細菌は細胞に核のない「原核生物」で、酵母菌やキノコは核のある「真核生物」です（生物の分類については63ページ参照）。

自然界では、キノコはマツの木の根元や倒木などに生えています。その前は、地中でカビと区別がつかない糸のような菌糸として成長しています。

地下から地上に出た、子実体(しじつたい)とよばれるものが普段目にするキノコです。子実体は、植物でいえば種子を作る花に相当し、かさの裏から胞子を散布します。

キノコの生活はこれで終わりではありません。植物の根には、さまざまな菌がいて、菌類であるキノコも菌として木や根について植物と栄養分のやりとりをしています。さらに樹木が倒れるとそれを分解して土に返します。これは木材の化学成分にはキノコにしか分解できない物質が含まれているからです。

キノコは大きく2つに分けられます。**おなじみのシイタケ、ナメコ、エノキタケ、ブナシメジなどの「腐生性キノコ類」は、死んだ植物を栄養源としています。あまり見ることのないマツタケ、ホンシメジ、トリュフなどの「菌根性キノコ類」は、生きた植物にとりついて成長します。**

腐生性キノコ類は人工栽培でき、菌根性キノコ類は人工栽培ができないか、難しいキノコ（マツタケなど）です。いずれにせよ、キノコと植物は切っても切れない関係にあります。

1 植物とキノコの増え方の違い

植物の増え方

種子 → 発芽 → 成長 → 開花・受粉 → 結実 → 種子

植物は光合成によって生き、種子によって増える。

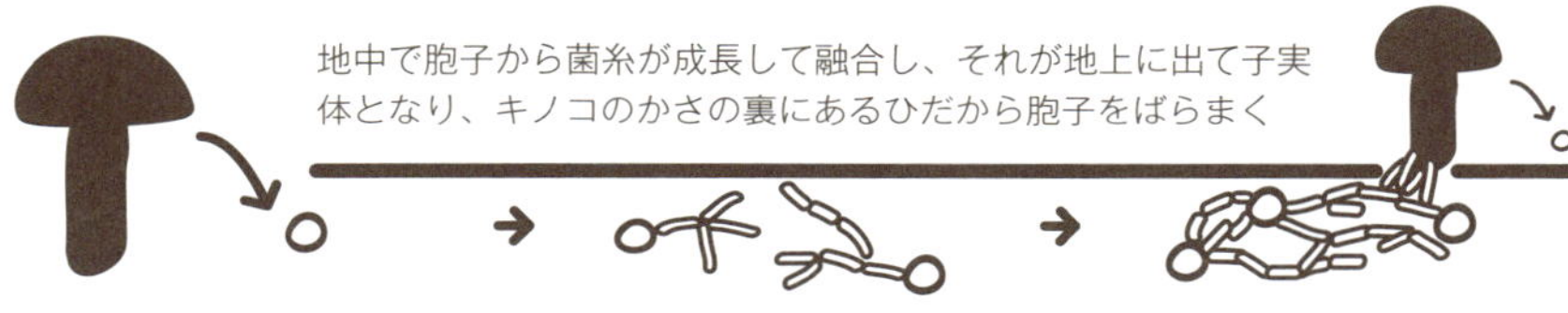

キノコの増え方

胞子 → 発芽 → 菌糸に成長・融合 → 子実体（キノコ） → 胞子

キノコ類は植物に頼って生き、胞子によって増える。

2 腐生性キノコと菌根性キノコ

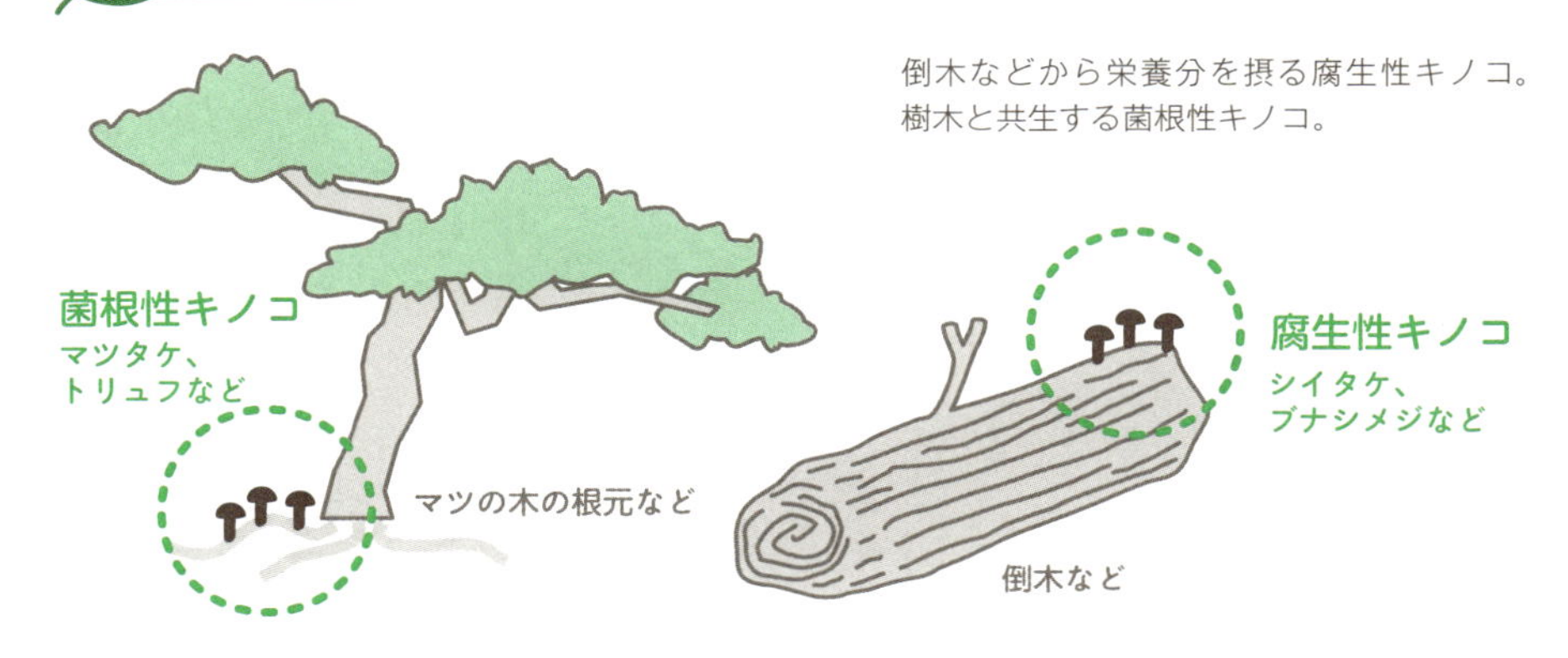

ココがすごい

日本には4000～5000種のキノコがある。腐生性キノコ類は、死んだ植物から栄養分を吸収して生活している。食卓にのぼるキノコのほとんどは、人工栽培できる腐生性キノコ類だ。

Q スイカはカボチャの根で育つって本当？

A 野菜の接ぎ木栽培は日本の発明

ブドウやリンゴなど果樹の接ぎ木は、古代ギリシア時代より果実の香りや色、味を改良する栽培技術として広く用いられ、日本でも昔から、篤農家（とくのうか）が接ぎ木を駆使しておいしいブドウやナシなどをつくってきました。現代においても、果樹、野菜、花き栽培に欠かせない技術のひとつとなっています。

接ぎ木は、増やしたい植物の枝や芽を、根があるほかの植物につないで繁殖させる方法です。接ぎ木は挿し木で増えない植物にも利用され、目的もさまざまです。栽培量の増加や肥料の抑制、病害虫を防ぐなどです。栽培したい植物の芽や枝を穂木（ほぎ）、穂木を接着し、その根になる部分を台木（だいぎ）といいます。

植物は、界→門→綱→目→科→属→種の順に細かく分類され、「科」が同じであれば、ほとんど接ぎ木することができるといわれています（分類法については63ページ参照）。

野菜の接ぎ木は、近年まで不可能とされてきました。しかし1927年、兵庫県のある農家がカボチャを台木とし、スイカを穂木とする接ぎ木栽培を初めて行ったとされています。1930年代には、スイカと同じウリ科のユウガオが台木として利用され始め、1950年代以降、接ぎ木栽培はナス、キュウリなど、多くの野菜で行われるようになりました。

農研機構野菜茶業研究所が2009年に実施した全国農業協同組合連合会などへのアンケート調査によれば、接ぎ木栽培の利用率は、トマトは約47%、キュウリ約27%、ナス約15%、スイカ約6%、ピーマンとメロンは2・4%という結果でした。

現在接ぎ木栽培は世界各国に広がり、農研機構は接ぎ木ロボットさえ開発しました。接ぎ木栽培は野菜だけでなく、ワイン用ブドウなどの果実類にも使われ、もちろん花の栽培にも応用されています。

1 接ぎ木苗のつくり方

穂木

おいしい果実ができる品種
収穫量が多い品種

台木

根の張りがよい品種
病気や環境に強い品種

接ぎ木苗とは、病害虫などに強い植物（台木）の苗に、育てたい植物（穂木）の苗をつないで作る苗。ちなみに、接ぎ木しない苗のことを自根苗（じこんなえ）という。

多くの野菜が接ぎ木苗で栽培されるのは、病害虫に強くなり、味や収穫量も向上するためとされている。台木と穂木は、植物学的に近いものが選ばれる。

接ぎ木苗の作り方

トマトの例

2 いろいろな接ぎ木

片葉接ぎ

キュウリ・ゴーヤ

台木と穂木を斜めにカットして接ぐ。

さし接ぎ

スイカ・メロン

穂木を削って、台木に差し込む。

ココがすごい

キュウリ、トマト、ナスなどの多くの野菜は、接ぎ木栽培による。植物の生育の柔軟性、限界を知らないかのような発育力があってこそ。

Q あなたは何党？ コーヒー、紅茶、緑茶

A 共通項はカフェインだが健康効果、栄養面ではどれがおすすめか

植物由来の嗜好飲料であるコーヒー、紅茶、緑茶などの健康効果がよく取り上げられます。コーヒーは脳卒中、認知症予防、紅茶は血圧の上昇を抑制し、緑茶はダイエットや生活習慣病の予防になるなどといわれます。

名称が違う茶飲料は、どこがどう違うのでしょうか。麦茶やそば茶などの代用茶以外は、「チャノキ」の葉からつくられます。さまざまなお茶は、発酵による茶葉の化学的変化を利用しますが、ふだん飲む緑茶は、発酵させないでつくる「不発酵茶」です。

発酵のさせ方は、弱発酵（中国茶）、半発酵（ウーロン茶）、完全発酵（紅茶）、後発酵（黒茶）の４種類で、初めの3種類は「酸化発酵」とよばれ、酵素で発酵させますが、後発酵は麹菌という微生物で発酵させます。いずれにせよ、発酵させるか、させないかで、茶の種類が決まり、味わいが異なる茶飲料ができるわけです。

嗜好品の飲料にも若干のリスクはあります。それはコーヒーなどに含まれているカフェインです。

各飲料の**カップ1杯（150ml）当たりのカフェイン量は、玉露がいちばんですが、その効き目はゆっくりしています。**効き目の速さの点ではコーヒーがいちばん。しかし、コーヒーを飲むときに注意しなければならないことは「カフェイン中毒」です。欧州食品安全機関（ＥＦＳＡ）の基準では、健康で妊娠などしていない成人のカフェインの1日の摂取量は４００mgまでならば問題ないとしています。

１５０mlのカップ1杯のコーヒーには左ページの図からわかるように、90mgのカフェインが含まれています。1日に4杯程度までならば安全ということになります。ストレス解消になるとはいうものの、1日に何杯も飲むことは避けたいところです。

1 各種の茶の違いは発酵の度合いで決まる

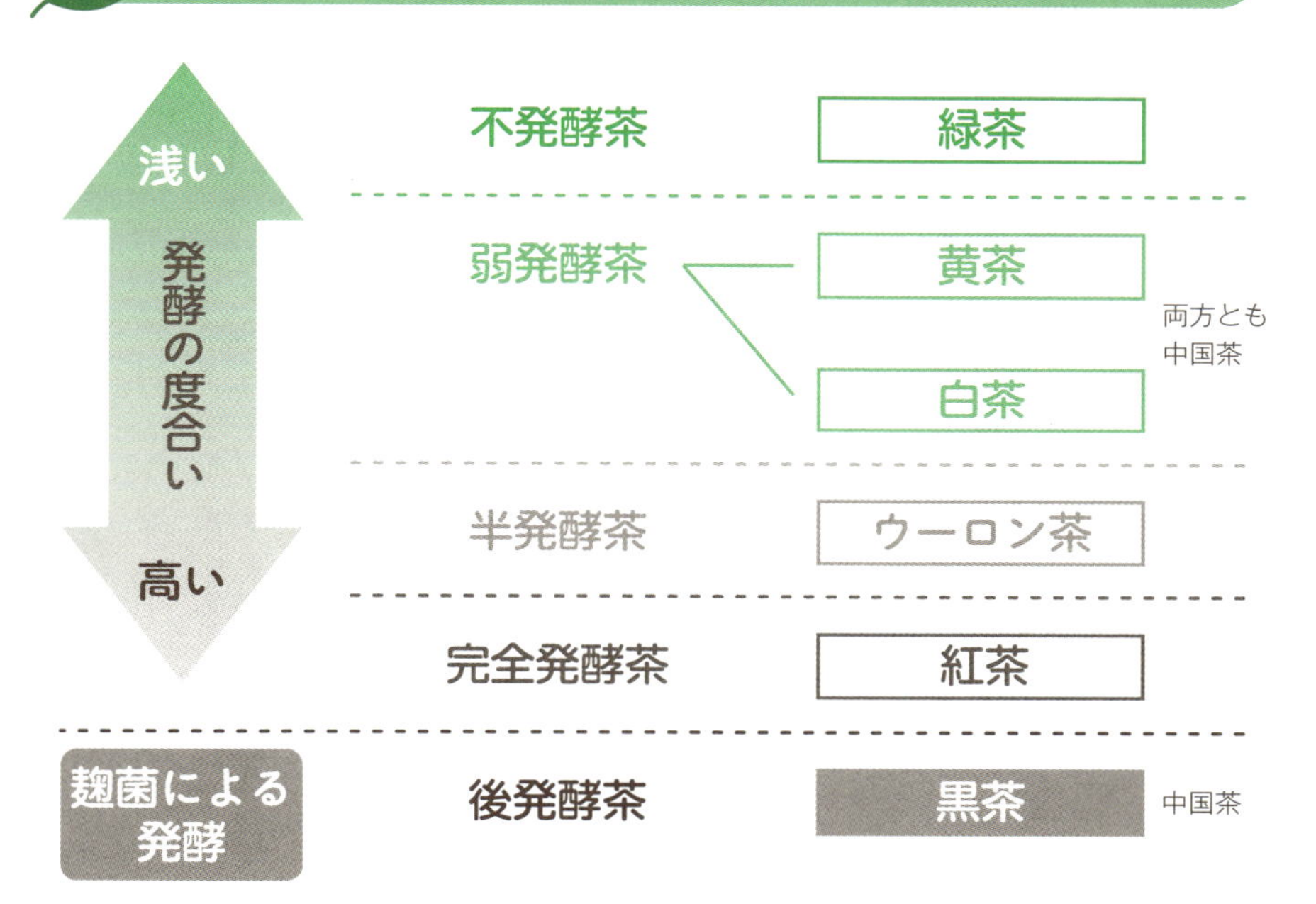

2 カフェイン量の多い玉露

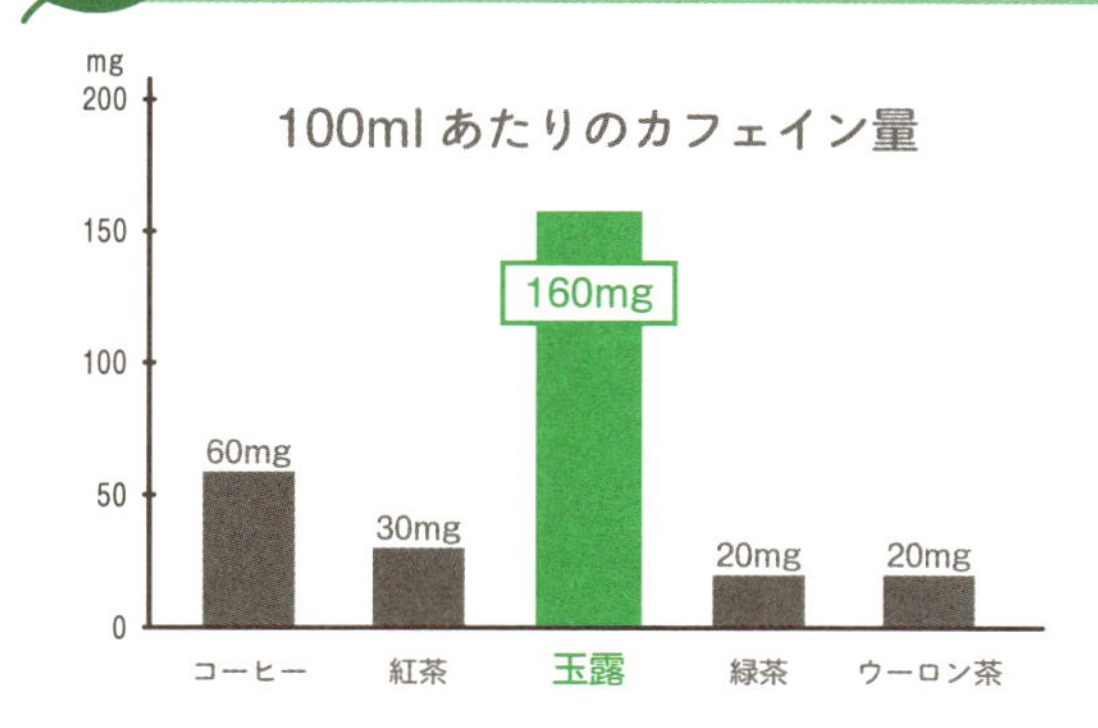

緑茶、紅茶、ウーロン茶の原料は同じ。発酵度の違いで茶の違いができる。コーヒーはコーヒーノキの果実が原料。豆の種類はおもに生産地で分けられ、焙煎度の違いで味わいの違いが生じる。

食品中のカフェイン（内閣府食品安全委員会）

ココがすごい

茶の原料は数センチメートルの葉。小さい葉ほど高値がつく。緑茶製造時に、不要な物としてはねられた茎や枝などからつくられるのは「茎茶」とよばれる。

Q ミカンの白い筋、取る派？ 取らない派？

A 取って捨てたら損するかも──白い筋の深い話

ミカンのオレンジ色の皮はフラベド（外果皮）、ミカンをむいて最初に目にする白い筋はアルベド（中果皮）といいます。

フラベドには油胞がたくさんあり、リモネンなどの精油が含まれていて、特有の香りを持っています。リモネンは洗剤の成分としても使われています。また、ミカンの皮を刻んで乾燥させた「陳皮（ちんぴ）」は漢方の生薬として知られ、薬味などとして料理にも使われています。

アルベドには、ビタミンPが豊富に含まれています。**ビタミンPのうち、特にヘスペリジンはミカン由来のポリフェノールで、健康維持のための栄養素として最近注目されています。**

実験では、さまざまな薬理的な効果が観察され、ある民間企業の研究所では、ヘスペリジンを含んだドリンクを開発しました。

では、白い筋（アルベド）の正体は？ コケ植物以外の植物には、水や養分を植物体全体に運ぶ維管束があります。**白い筋はこの維管束で、ミカンのへたを通して葉や根につながっています。**白い筋の反対側は、じょうのうとよばれる小袋につながっているのですが、ここにミカンの実のとんでもない秘密が隠されています。

つまりミカンの小袋をむくと、さらに小さな涙型の袋のようなものがびっしりあり、一つひとつに果汁が満ちています。これはミカンの「毛」なのです。

「ミカンは、その毛の中の汁を味わっている、と聞かされるとみな驚いてしまうだろうが、実際はそうであるからおもしろい。もし万一ミカンの実の中に毛が生えなかったならば、ミカンは食えぬ果実としてだれもそれを一顧もしなかったであろう」（牧野富太郎著『植物知識』より引用）。

1 ミカンの構造とその名前

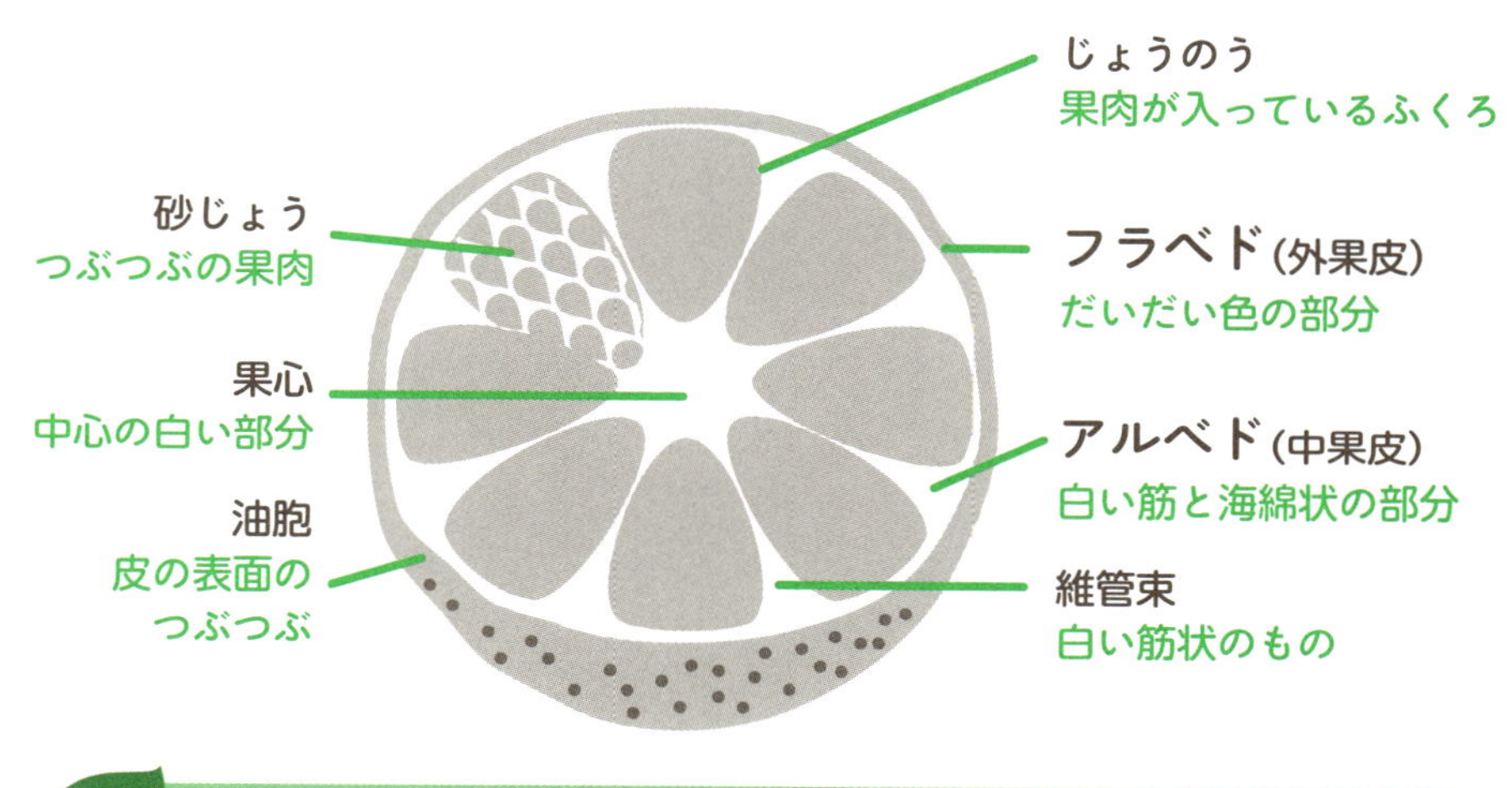

2 ミカンの毛を味わっている!?

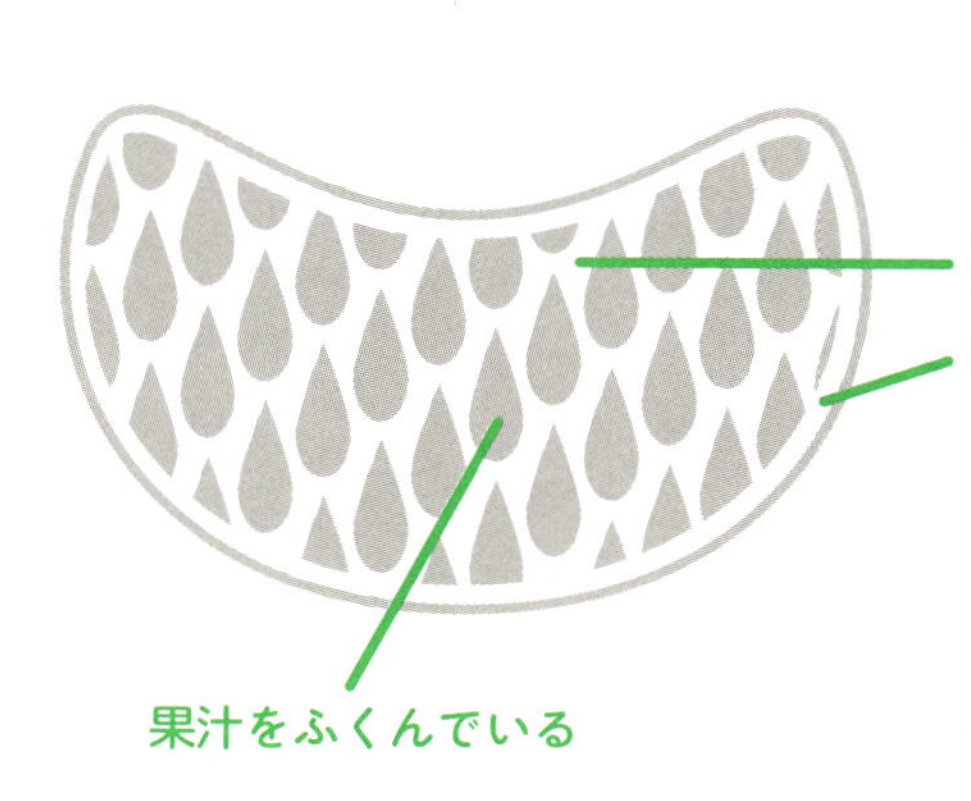

私たちは果汁が詰まったオレンジ色の涙型のつぶつぶの部分を食べる。これはさらに小さい袋のように見えるが、なんとこのつぶつぶは、薄皮から生えている「毛」なのだ。

ミカンの薄皮をはがさずに横に開いて、中のつぶつぶをゆっくり慎重に引くと、細い糸状のものがついてくる。これがミカンの毛。薄皮の外側についている白い筋よりずっと細く、まるで納豆のように糸を引く。夏ミカン、グレープフルーツなどの大きな柑橘類も同じ構造をしているはずだから、それらで試せばよくわかる。

ココがすごい

果皮裏の白い部分と、実の袋の白い筋をアルベドという。特に白い筋の部分は、いろいろな栄養素を果実まで運んできた「維管束」だ。

Q. 植物は何かを感じているだろうか？

A たとえば眼がなくても光を感じることができる

植物はどこかに一度根を下ろすと、移動できませんから、刻々と変わる環境の変化に対応していかなければ生きていけません。植物は動物のような神経組織も脳も持っていませんから、動物のように眼、耳、鼻などはありません。ではどのように環境の変化をとらえているのでしょう。

植物を観察すれば気づくように、**光や温度の変化を感じていることは確かです。また、香りを介してほかの植物や害虫とコミュニケーションを取ることさえします。**たとえば眼がなくても光を感じることができるのは、葉の一つひとつの細胞に光を感じる「光受容体」があるからで、まわりが明るいか暗いかの変化に応じて細胞内が適切に変化して対応します。

さらに植物細胞には「分化全能性」（個体を形成するあらゆる種類の細胞に分化できること）という性質がありますから、ひとつの細胞を培養すれば、個体を再生させることが可能です。ですから植物は、まるで細胞という小さな生物がたくさん集まってできているような生物です。

これに対し**動物の場合は、ひとつの体細胞から個体を再生する荒技は不可能で、分化全能性を示すのは、基本的に受精卵だけです。**

動物は、たとえば眼を失えば視覚が損なわれますが、植物の細胞には光受容体がありますから、どこかが傷ついてもそこを捨てれば、生きていくことができます。動物は雌雄の生殖によって子孫を増やしますが、植物は有性生殖のほか、ひとつの細胞から1個体が生まれるなど、性によらずに子孫を増やすことも可能です。

このように植物と動物の生き方はまったく違い、植物は、ある意味動物よりも柔軟な生き方をしているといえます。

1 植物は時間の経過がわかる!

フランスの科学者ジャン・ジャック・ドルトゥス・ドゥ・メランは 1729 年、暗闇に置いたミモザ（オジギソウ）の葉の開閉を観察し、周期性を発見した。

植物の周期的な反応のきっかけは、
太陽の光なのだろうか？

暗い室内

太陽の光がなくても、
24 時間周期を維持

ジャン・ジャックは、オジギソウを地下室に置き、光の有無に関係なく、24時間のリズムで開閉することを発見。これが後の生物時計の発見へとつながった。

2 生物時計を生み出す遺伝子の発見

ネムノキ（マメ科）

ジャン・ジャックの研究から約 200 年後の 1936 年、ドイツの植物生理学者エルビン・ビュニングは、マメ科植物の研究から、「光周反応の基礎としての内生リズム」という画期的な論文を発表し、これによって生物時計の存在は確かなものとされた。ビュニングは、生物時計は各細胞に備わっている、つまり遺伝すると示唆したが、その遺伝子やメカニズムは不明だった。そして 2017 年、1980 年代半ばにこれらを解明した科学者 3 名にノーベル生理学・医学賞が与えられた。

ココがすごい

アサガオは朝方に開花し、ヒルガオは日中に咲く。これは植物が約 24 時間で時間を刻んでいるため。これを概日リズムといい、すべての生物が持っているしくみだ。

Q 常緑植物は冬でもなぜ緑のままなのか？

A 冬に向かって増える物質があるので、枯れない

冬の厳しい寒さの中で、枯れもせず落葉もしないで青々とした葉を見せる植物は常緑樹（常緑植物）です。常緑樹は昔から永遠の命の象徴とされてきました。たとえばシキミは仏前草ともよばれ、仏事や墓に供えられ、サカキは、神と人との境にある木「境木（さかき）」として古来神前に供えられてきました。

じつは常緑樹の葉を真夏に氷点下にさらすと、凍って枯れてしまいます。**常緑樹は冬に向かって枯れない準備をしているから冬でも緑なのです。**

たとえば葉を凍らせないために、常緑樹は光合成によって、葉はふだんより多くの糖を合成します。水は0℃で凍り、細胞内の水分が凍結すると、固く鋭い氷の結晶が細胞内を傷つけ、壊してしまいます。しかし、糖が溶けた水分は氷になる温度が下がります。これを「凝固点降下」といいます。これで細胞の外に氷ができても中は生きていけます。

では、細胞の外に氷ができたら、植物全体は傷ついたり、死んだりしないのでしょうか。体内に氷ができることは異常事態ですから、植物は大きなストレスを受けます。

しかし、細胞外の凍結が細胞内の凍結を防いでいることは確かで、細胞内の水分は氷に引き寄せられて細胞外に出ていきます。さらに、植物細胞を囲む細胞壁と細胞膜が氷に対するバリアとなって、氷が細胞内に侵入することを防いでいます。

葉が糖などをせっせと作って冬に備えていることを利用して、温室栽培の野菜にわざと寒風を一定期間あてて苦しめると、うま味があってビタミン豊富な甘い冬野菜となります。これは凝固点効果をもたらした糖、アミノ酸、ビタミンが細胞内に増えるためです。この栽培法を「寒じめ栽培」といい、こうしてできた野菜を「寒じめ野菜」といいます。

1 植物細胞内の脱水メカニズムと細胞内の糖分増加

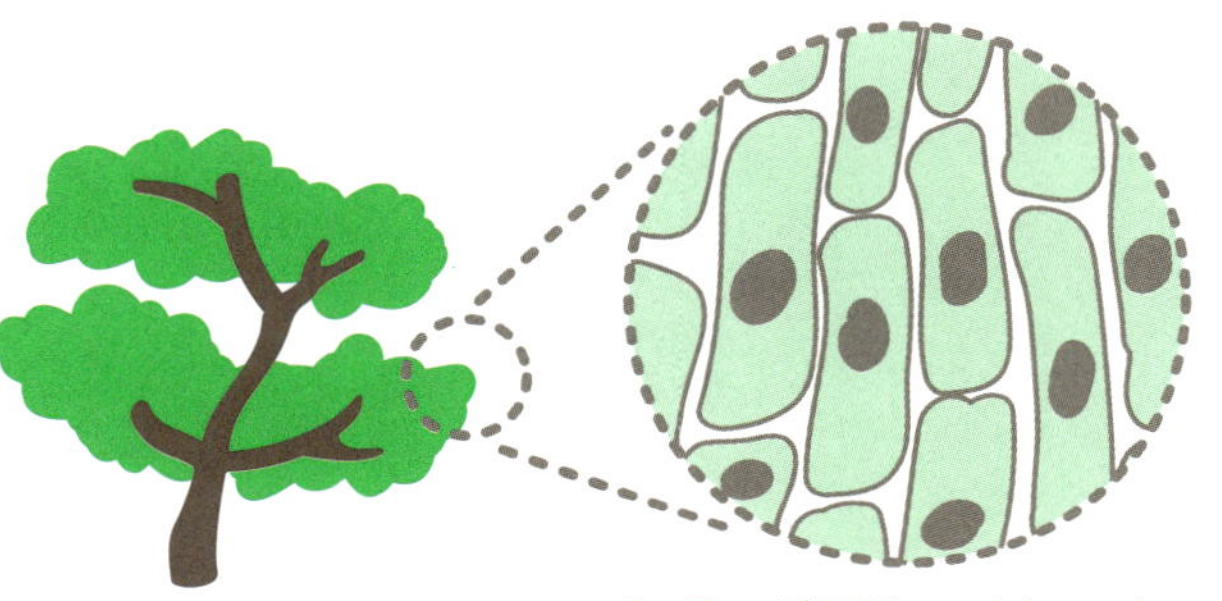

水分が細胞の外に出る

細胞内の水分が凍ると、細胞は死ぬ

植物は糖を増やし、水の凝固点を下げることで細胞内が凍ることを防いでいる

〈凝固点降下〉
細胞内に多くの糖が含まれた水分を残すことで、凝固点が低くなり、凍りにくくなる。

細胞の中は凍らない

水分が最初に凍るのは、細胞の外。しかし、氷は水分を引きつける性質があるので、細胞内の水分は細胞外に移動する。このことも細胞内が凍らない理由のひとつ

2 常緑樹も落葉する

初夏に落葉するのは椎（シイ：ブナ科）や樫（カシ：ブナ科）、楠（クスノキ：クスノキ科）などの常緑広葉樹。冬の寒さに耐えたあと、新緑のころに新しい葉が出てから乾いた茶色の古い葉を落とす。特にクスノキは、4月末から5月上旬にかけて、大量に葉を落とすが、新しい葉があるため、落葉は目立たない。

ココがすごい

冬から早春にかけて、ダイコン、ハクサイなどの野菜が甘いのは、冬の寒さに耐えるため、細胞内の糖分を増加させたことによる。

Q 果実が成熟するのはなぜ？

A 成熟のときに出る植物ホルモンのエチレンの力

バナナは輸入時、濃い緑色をしています。黄色のバナナには産地にいる農業害虫が寄生しやすく、そのようなバナナは植物検疫法で輸入が禁止されています。緑色の状態では害虫は寄生しないので、その状態で陸揚げされますが、このままでは食べられません。

そこで追熟（ついじゅく）という処理によって甘く食べ頃の黄色のバナナとして出荷されます。追熟にはエチレンガスが使われます。

エチレンは化学式が単純で、この分子をたくさんつなげる重合反応によってポリエチレンを作ることができます。

このようにエチレンは身近な有機物ですが、リンゴなどの果実もエチレンガスを出しています。そのためリンゴのそばにバナナを置いておくと、バナナの成熟が進みます。

エチレンは裸子植物や被子植物などの高等植物で生成される植物ホルモンのひとつで、植物の一生にさまざまな影響を及ぼしています。

エチレンの作用として、果実などの成長、老化の促進が有名ですが、ほかにも葉や花弁を落とす、発芽の促進や抑制、茎の伸長や太くする作用などがあります。

落葉は葉で作られるエチレンが直接かかわっていますが、葉の老化を促進させ、落葉する前に離層（葉の基部にできる細胞層）が形成されるのは、オーキシンという植物ホルモンの作用です。

植物のライフサイクルにかかわる植物ホルモンは10種ほどあり、たとえば**レタスなどの長日植物は、ジベレリンという植物ホルモンで、つぼみをつくったり、花を咲かせたりします。また、ジベレリン処理をすると種なしブドウができることは有名です。**

1 バナナを成熟させるエチレン

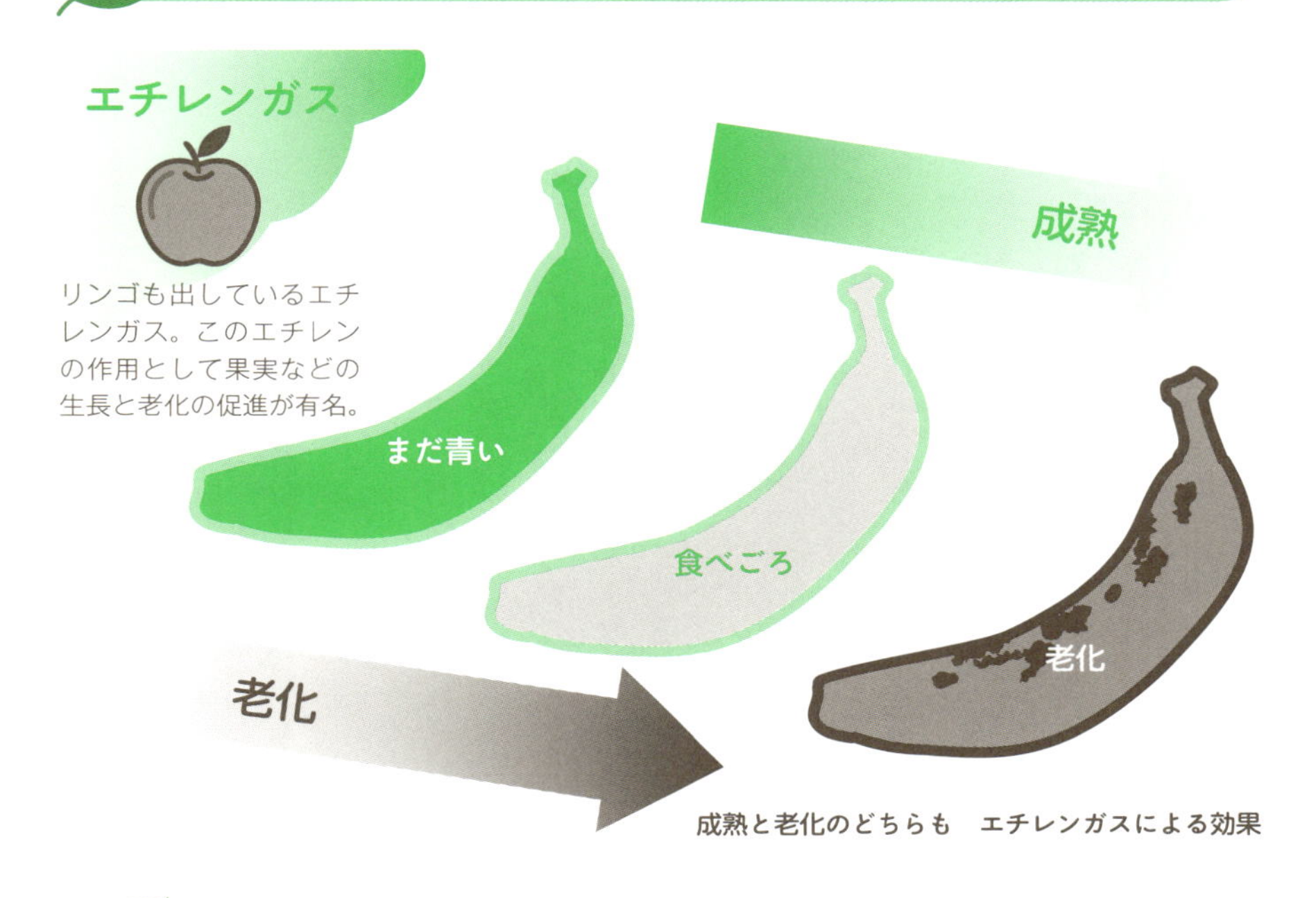

2 ガス灯がきっかけで、エチレンを発見

古代エジプトや古代中国では、果実を成熟させる方法を経験的な知恵から知っていたといわれる。19 世紀ヨーロッパの街で、ガス灯のそばの街路樹が通常より早く落葉してしまう現象があった。原因は、ガスが燃えるときに発生するほかのガスが原因であることが後の研究で判明した。これがエチレンの発見である。また、収穫したリンゴがエチレンガスを出すことは、1930 年代に化学的に証明された。

ココがすごい

エチレンは野菜でも発生する。野菜を立てて保存するとエチレンの発生が少なく、寝かせるより鮮度を保つという。

Q なぜ種なしフルーツがあるのか?

A 突然変異で生まれたバナナは、3倍体なので種子を作らない

バナナは熱帯アジアが原産地です。そこで育つバナナには、最初は実の中に種子がぎっしり詰まっていましたが、あるとき突然変異が起きて、種なしバナナができました。しかし、**種子がありませんから種から増やすことはできません。そこでタケのように「株分け」して増やします。**

突然変異でできた種なしバナナは、どうして種子ができないのでしょうか。同じ生物のオス・メスが交尾すると、オスの精子とメスの卵子がくっついて受精卵となります。受精卵はオス親の染色体の半数とメス親の染色体の半数をもっています。

たとえば、ヒトの染色体は46本ですから、受精卵は父親から23本、母親から23本、合計46本の染色体を受け継ぎます。子孫ができる生物の染色体は、すべて半分に分けることができます。その半数分を1セットとすると、たいていの生物は、2セットの染色体をもちます。これを「2倍体」といいます。

突然変異が起きると、染色体の半数分が合計3セット、つまり「3倍体」になることがあります。受精の際に、これをちょうど半分に分けることは不可能です。**種子のできないバナナは3倍体なのです。**

ところで、4倍体の植物ができたらどうなるでしょうか。

2倍体植物と突然変異の4倍体植物が交配すると、2倍体植物の卵子・精子（染色体1セットずつ）と4倍体植物の精子・卵子（染色体2セットずつ）とが融合し、1＋2＝3倍体となります。

3倍体の植物は、成長には支障がないので、体は正常につくられ、外見はほかの2倍体の植物と同じです。ところが3倍体では、前述のように正常な種子ができません。これが種なしバナナやスイカのでき方だったのです。

1 2倍体と3倍体とは？

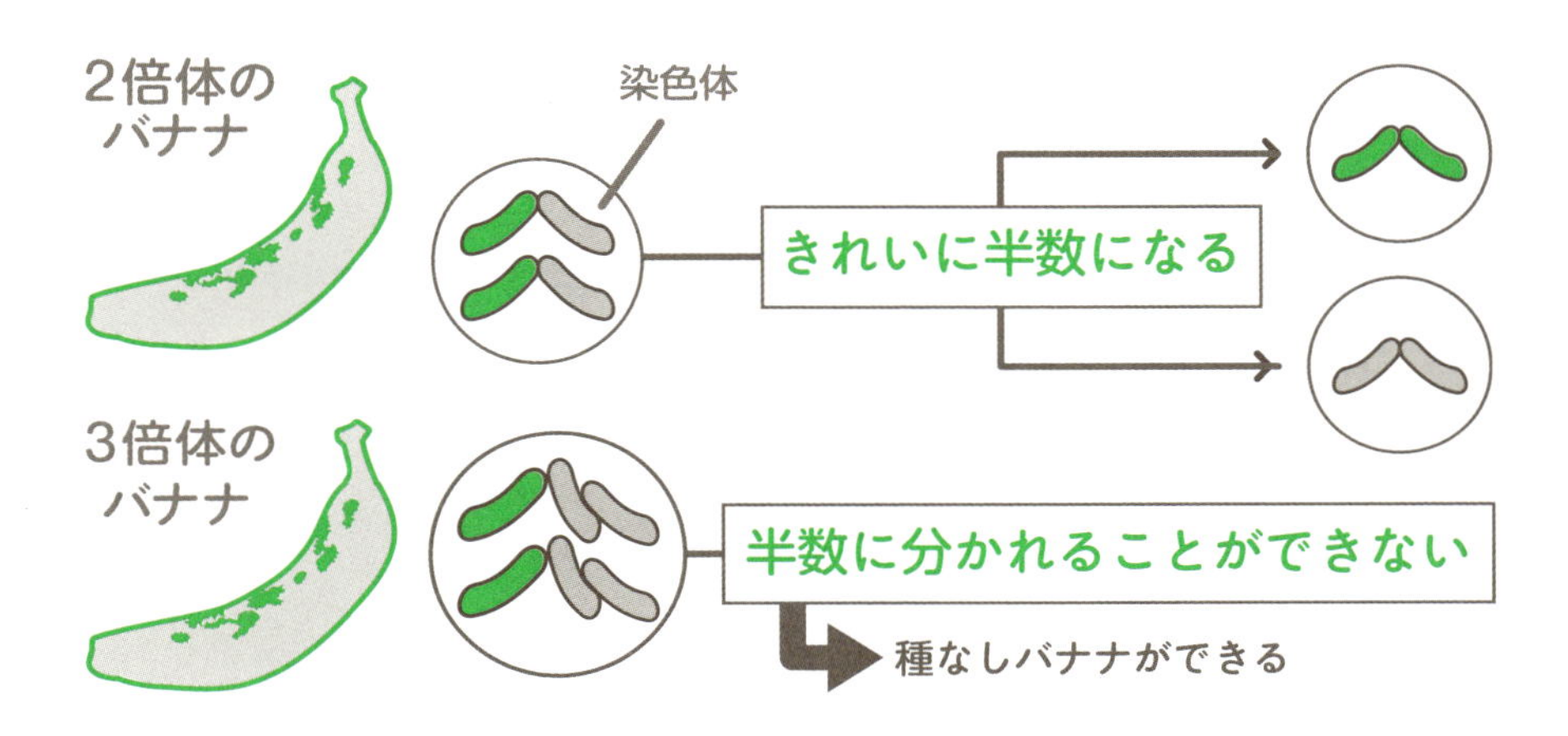

2 種がないのにどうして増える？

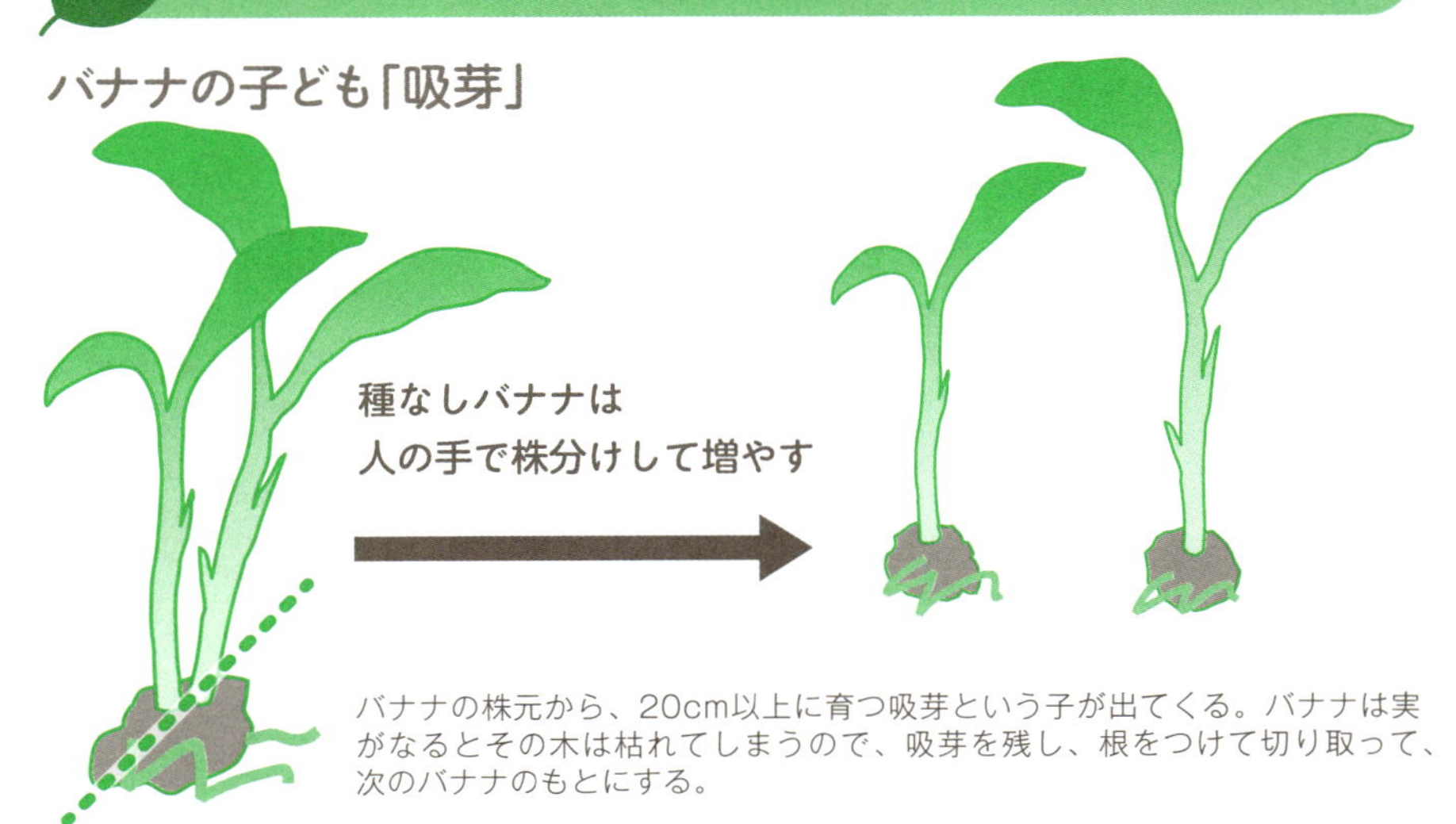

バナナの株元から、20cm以上に育つ吸芽という子が出てくる。バナナは実がなるとその木は枯れてしまうので、吸芽を残し、根をつけて切り取って、次のバナナのもとにする。

ココがすごい

突然変異でできた４倍体は、ふつうの２倍体と交配できる。この交配種ではふつうの受精が行われず、３倍体となるが、種子ができない以外はすべて正常なので、種子のない大きな果実ができる。

COLUMN 2

アヤメとハナショウブ、どちらがどっち？

こんな経験はないだろうか？

5月の初めころに公園や植物園に出かけると、美しい花が咲いている。

さらに6月初めに行くと、5月に見た花とそっくりの花が咲いている。よく見ると、湿地のようなところに咲いているので、違う花かなとも思うが自信はない……。

最初に見たのは「アヤメ」で、次に見たのは「ハナショウブ」ということになる。どちらも「アヤメ科」で、「カキツバタ」もアヤメ科の花で似ている。

アヤメは花びらの元が網目模様、ハナショウブ、カキツバタの花びらの元は、ともに白か黄となる。

2章

今さら人に聞けない植物の「基本」

Q 植物はなぜ春夏秋冬を知っている？

A おもに日の長さの変化をとらえて季節を知る

日が短くなれば冬が近づいていると感じ、長くなればもうすぐ夏だとわかるのは、ヒトも植物も同じです。日の長さ（日長）は、植物にとって最も信頼できる季節の変化を知る手がかりです。

気温は夏でも寒かったりと日変動が激しく、あまりあてになりません。その点日長は、1日の昼の時間（明期）の長さと夜の時間（暗期）の長さが規則的で周期的なリズムで緩やかに変わっていきます。

日長を光周期ともいいます。光周期は、多くの植物に成長したり花を咲かせたりするタイミングを知らせる重要な決め手となっています。この光周期にもとづく反応は、「光周性」とよばれ、植物だけでなく動物も示します。

こうして光は光合成のエネルギー源としての役割のほか、情報源ともなり、情報は光受容体（フィトクロムやクリプトクラム）から生物時計（35ページ参照）に伝わって日長が測られます。

では植物にとって、明期と暗期の長さのうち、どちらがより確かな情報でしょうか。意外なことに、明期の長さよりも中断されない暗期の長さのほうが重要です。これは暗期の途中で赤い光を当てて暗期を中断する実験などからわかりました。

たとえば春がくればサクラが咲き、夏にはアサガオ、秋にはコスモス、冬にはサザンカと、**花が咲く季節が決まっているのは、植物の生物時計（体内時計とも）と光周性の合わせ技です。**

植物には日長が短くなると開花する短日植物と、日長が長くなると開花する長日植物、日長に関係なく開花する中性植物があります。中性植物には1年を通して咲く花と、春と秋に咲く花があります。

植物の花の咲き方は、大きくこの3種類に分けられます。

1 日長の変化に対して植物が示す反応

短日植物が咲く条件：
中断されない暗期（限界暗期）が長い

長日植物が咲く条件：
中断されない暗期（限界暗期）が短い

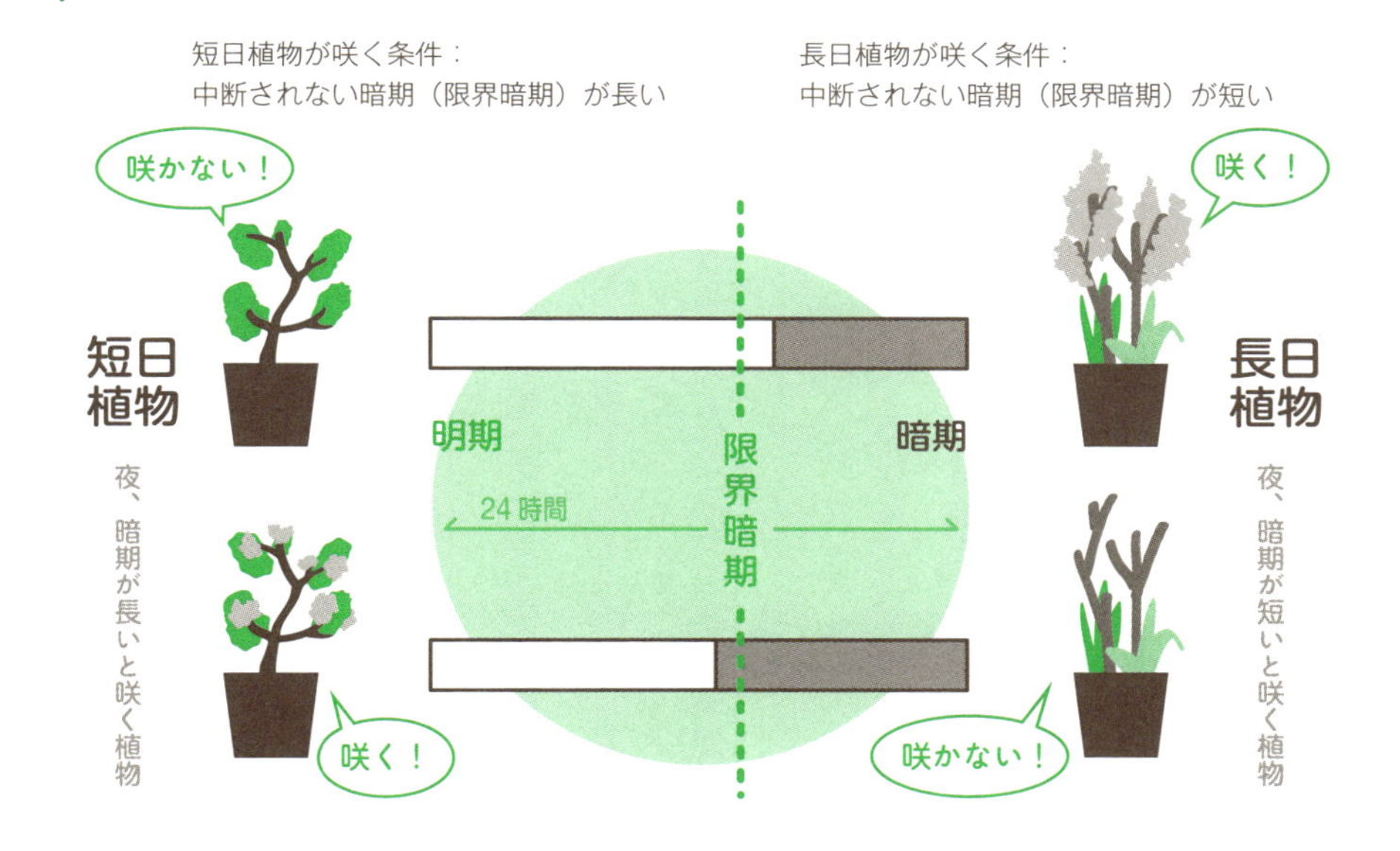

2 光が中断されるとどうなる？

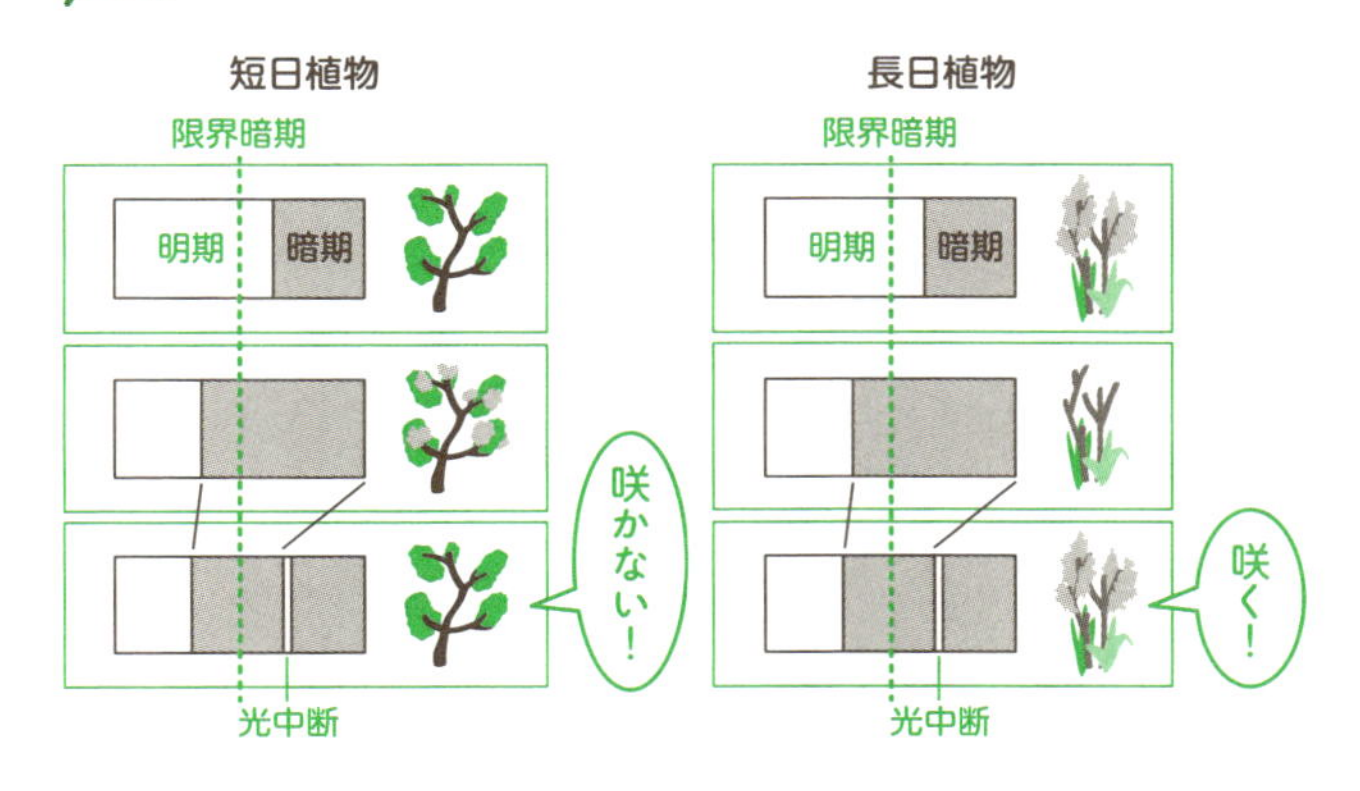

暗期に赤い光を当てて、長日植物と短日植物の開花の変化を調べる実験を光中断という。暗期が中断されると、連続暗期が限界暗期（図中の点線）を超えないので、短日植物は咲かず、長日植物は咲く。

ココが聞きたい

植物の花の咲き方は大きく3つ。日長の変化によって咲くタイミングを決める短日植物と長日植物があるが、日長の変化に関係なく咲く植物もある（中性植物）。

Q 「植物は動けない」のだが……？

A 植物は成長する限り運動している

植物と動物の大きな違いのひとつは、動くかどうかではなく、動くスピードの違いです。

植物の動きはじっくり観察しても、目の前ではすぐには見えません。しかしハイスピードカメラを長時間設置して再生すると、まるで動物のようにみるみる成長するダイナミックな姿が現れます。植物は移動はしませんが、ゆっくりと成長運動しています。

19世紀当時のイギリスでは、植物は運動しないというのが一般常識でしたが、この先入観を長年の観察によって打破したのが進化論で有名なチャールズ・ダーウィンでした。

その結果は、『植物の運動力』という500ページを超える大著として出版されました（1880年）。この著作では、300種を超える植物の観察などから、植物は成長している限り運動していることが明らかにされています。この研究によって、ダーウィンは進化論だけでなく、植物生理学の父とされています。

植物と動物の2つ目の大きな違いは、細胞の違いです。細胞を最初に発見したのは、17世紀イギリスのロバート・フックです。フックは顕微鏡でコルクの木の皮を観察して、仕切りに囲まれた小さな小部屋のようなものからできていることを観察し、これをセル（細胞）と名付けました。

各セルの仕切りは、植物細胞のひとつの特徴である「細胞壁」です。**動物の細胞には細胞壁はありません。骨がない植物は細胞壁によってしっかりと立ち上がって成長しています。**

3つ目の違いは栄養のとり方です。植物は光合成によって自ら栄養を作りますが、はっきりわかったのは19世紀後半のことです。もちろん動物は、栄養という点では植物のお世話になりっぱなしです。

1 植物と動物の細胞の違い

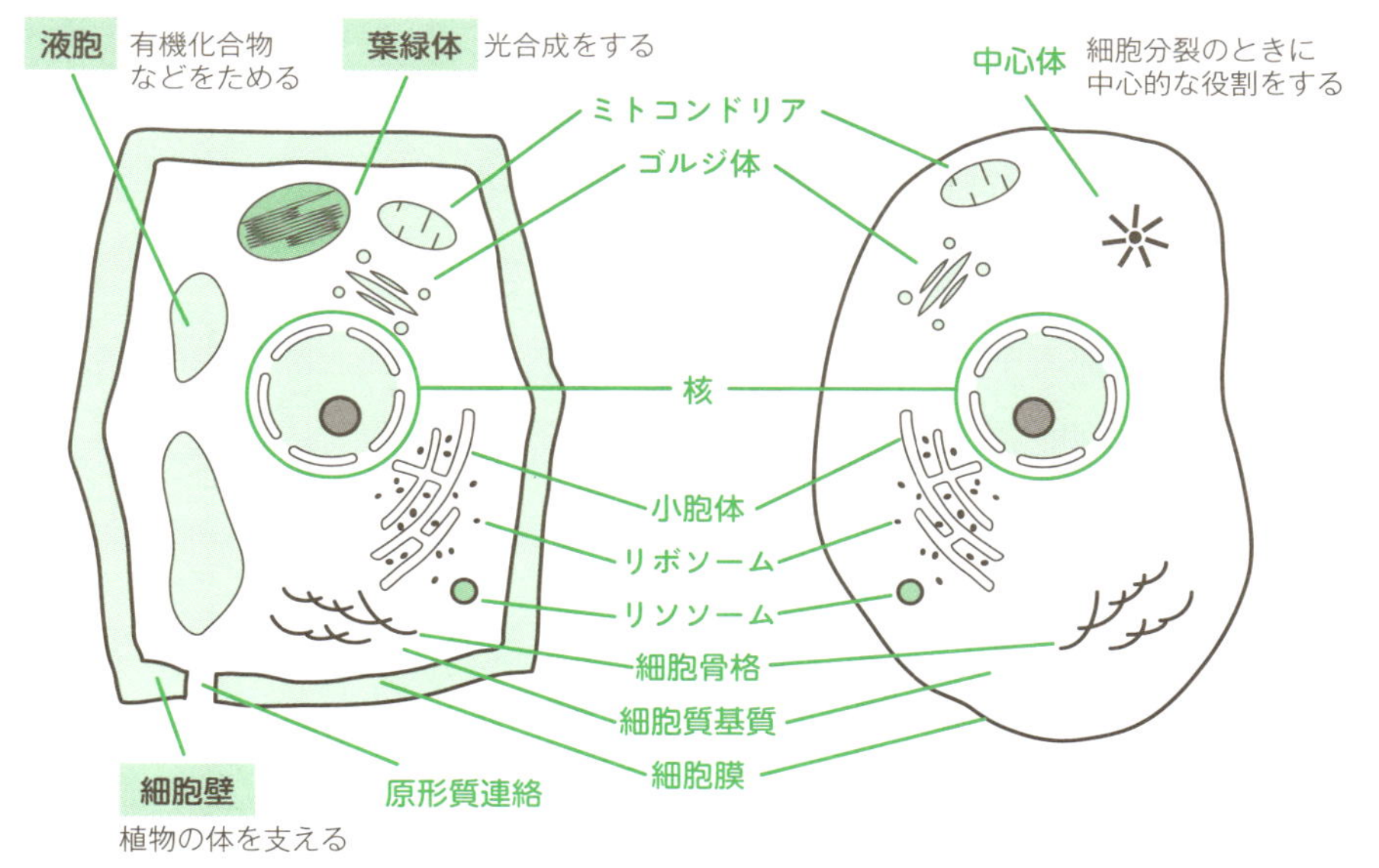

2 ロバート・フックが描いた細密な顕微鏡画

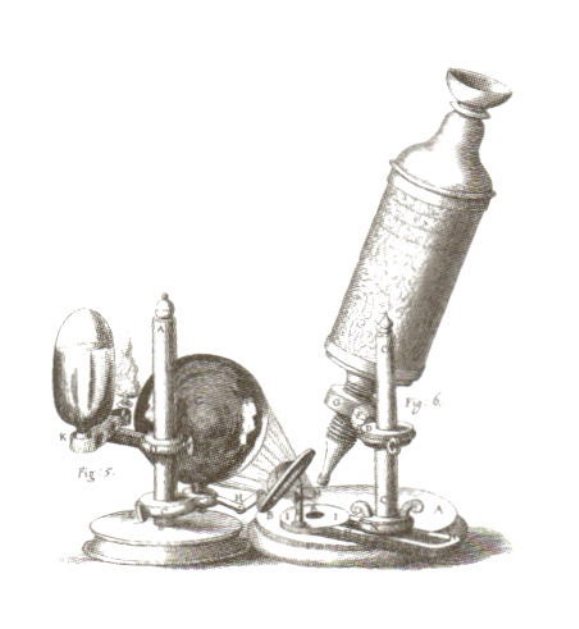

左は、フック自作の顕微鏡の図。右はフックが描いたコルクの細胞構造。コルクの木は死んでいるので、これはコルクの細胞壁が集まったところを描いている。

ココが聞きたい

体を支える「細胞壁」。発達した「液胞」。光合成をする「葉緑体」。これらは植物細胞だけのもの。細胞分裂のときに中心的な役割をする「中心体」は、動物細胞だけのもの。

Q 草と木の違い、いえる？

A 「定義」より「見た目」が重視される

植物学では、草のことを草本（そうほん）、木のことを木本（もくほん）といって一応区別していますが、本質的な違いはないとされています。樹皮の内側に薄い形成層があって、そこが細胞分裂を繰り返して肥大化し、やがて年輪を形成する植物は木本です。

その逆はいえません。たとえば木本のヤシの木の幹には形成層がありません。このため、形成層の有無は、草本と木本の区別の決め手にはなりません。形成層の有無にかかわらず、ざっくりと、**幹や茎が木質化する植物を木本、それ以外の植物を草本とよぶことが常識的**な線かもしれません。

多くの専門家が認める草本、木本のはっきりとした定義はなく、見た目による区別なのです。

しかし種子を作る高等植物は、裸子植物（ソテツ、イチョウ、マツなど）と被子植物（全陸上植物の90%）に区別できます。**裸子植物は化石も含めてすべて木本です。**一方、被子植物の祖先は裸子植物から進化したと推測され、裸子植物の後に出現しました。裸子植物の花には装飾的な花びらがなく、受粉はソテツの仲間（とグネツムの仲間）以外は風まかせです。

一方被子植物の花には花びらがあって、これが昆虫を呼び寄せ、蜜を報酬として受粉を確実なものにしたために大繁栄しているわけです。

さらに**被子植物は、子葉（最初に出る葉）が2枚ある双子葉植物、子葉が1枚の単子葉植物にはっきりと区別できます。**単子葉植物は原始的な双子葉植物から進化しました。約25万種ある被子植物のうち、約4分の1を占める単子葉植物は大部分が草本ですが、木本のものもあります。

これに対し、**双子葉植物には草本よりも木本が多くあります。**単子葉植物のヤシは木本ですが、年輪ができることは、ほとんどありません。

1 木本・草本の出現

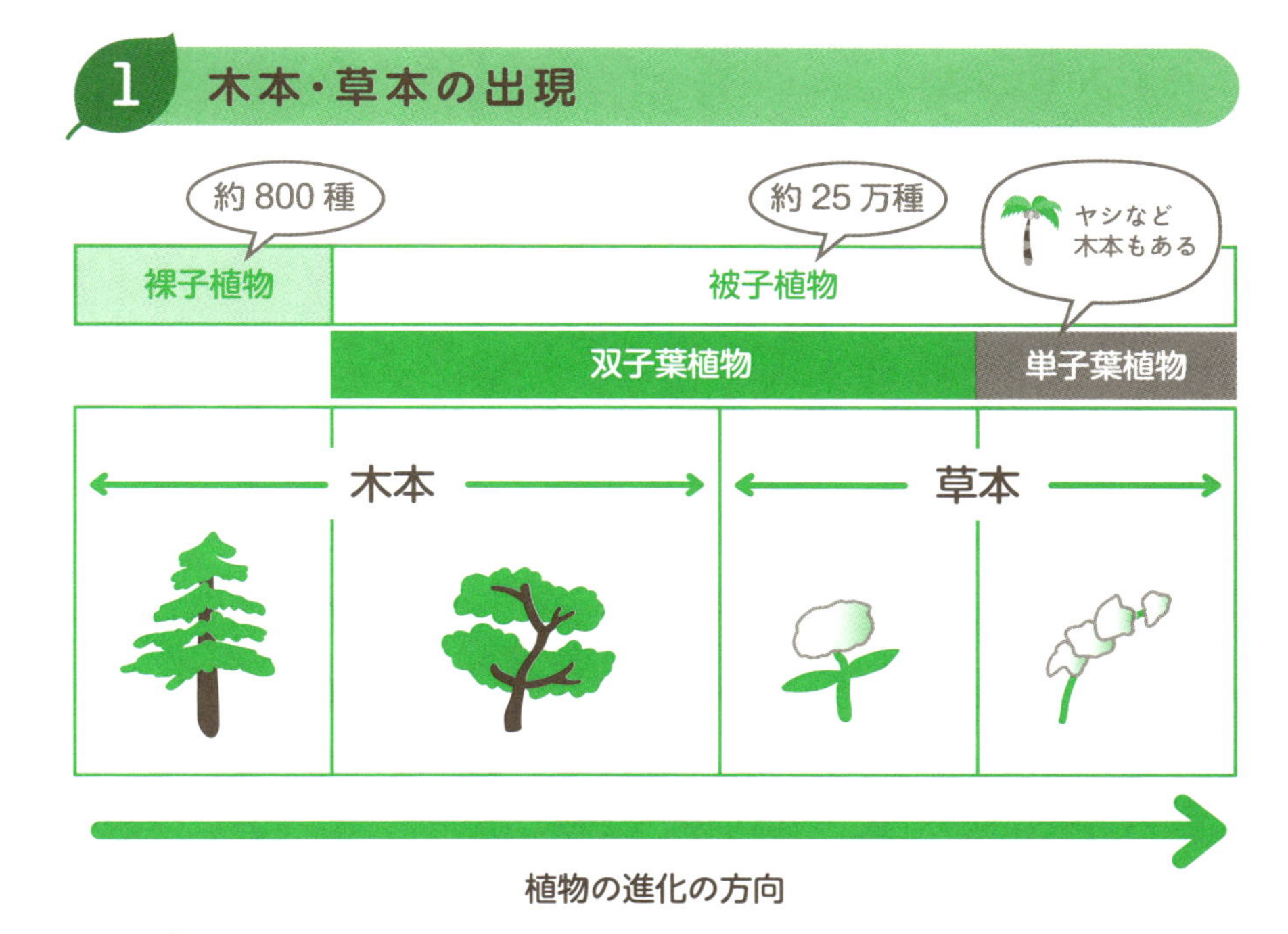

2 植物の進化の歴史

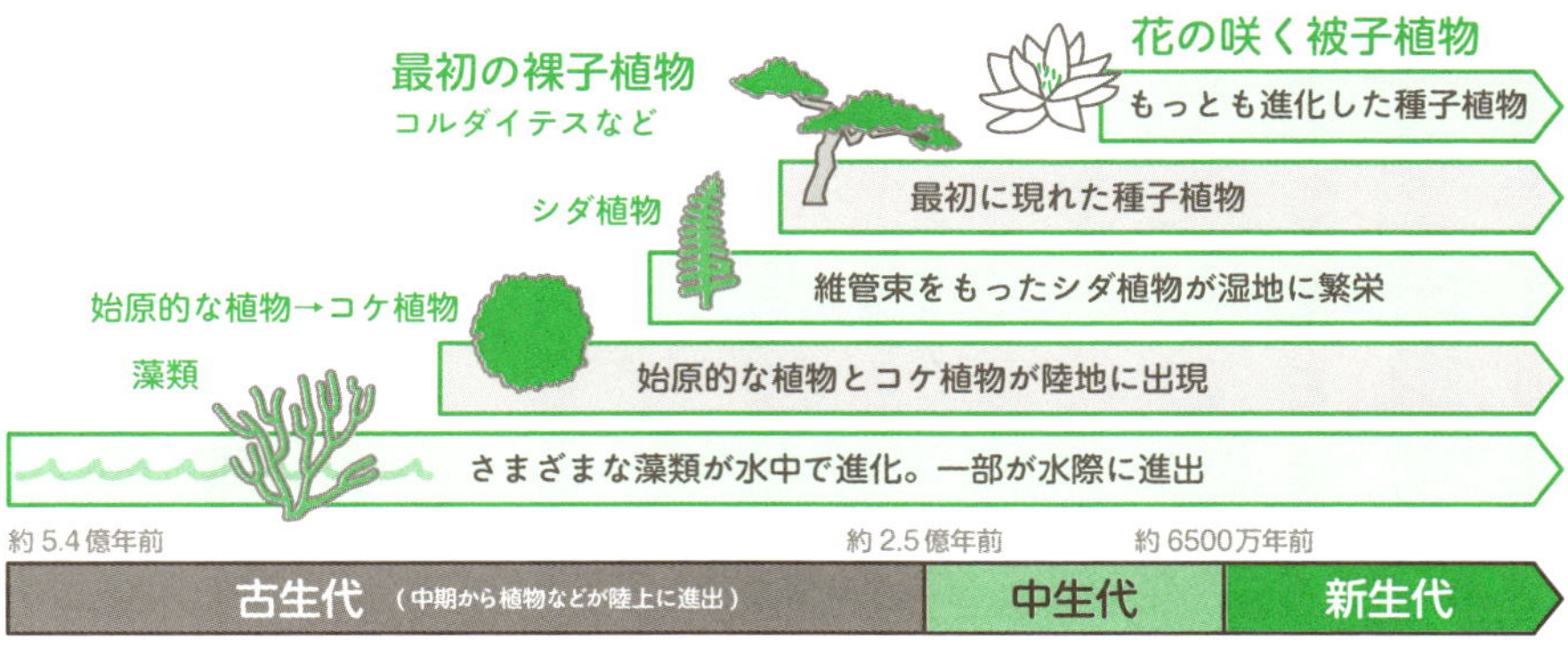

ココが聞きたい

草本と木本に本質的な違いはない。木本は茎が木化して肥大成長し寿命が長い植物。草本は茎が木化も肥大成長もせず、寿命が短い植物。草本と木本の区別が難しい植物もある。

Q オジギソウはなぜおじぎをする？

A 葉の付け根にある細胞壁の膨圧が下がっておじぎする

植物の運動は非常に緩慢で、その動きを目の前で見ることはできません（46ページ）。例外はオジギソウの葉のおじぎ運動とハエトリグサの捕虫運動（79ページ参照）などです。

オジギソウの葉は、人や動物が触れたり、雨や風、振動など、外部からの物理的な刺激が加わると、素早く葉を閉じ、葉枕（葉柄の付け根の部分）が収縮して葉全体が垂れ下がります。数秒間という、植物としては例外的なスピードです。

葉が閉じるのは、刺激があると、葉枕の下側の細胞壁の膨圧が小さくなって、葉全体を支えきれなくなり、おじぎ状態になるメカニズムが働くからです。膨圧というのは、細胞内の水分によって膨らんでいる細胞が細胞壁を押している圧力のことです。

オジギソウの葉枕を構成する細胞は運動細胞とよばれ、上側の細胞壁は下側より厚いので、おじぎの原因は下側の細胞壁の変化だけが関係しています。葉枕下側の細胞壁にかかっていた膨圧が下がって細胞から水分が出ていきます。すると細胞壁は張りを失い、葉の重みに耐えられなくなり、おじぎとよばれる下垂が起きることになります。動物に食べられないためともいわれていますが、はっきりした理由はわかりません。

動物が筋肉を動かすメカニズムはアクチンなどのたんぱく質がかかわっています。神経からの電気信号でアクチンなどの位置が変化して筋肉細胞が収縮するのですが、**オジギソウでもいろいろな刺激がカリウムイオンによる活動電位が起こす電気信号によって伝わり、葉枕下部の細胞のアクチンがばらばらになって水分が出ていき、下垂します。**

下垂してから20分もすると、葉枕の下部のアクチンが正常に戻って、葉は元に戻ります。

1 オジギソウは素早くおじぎする

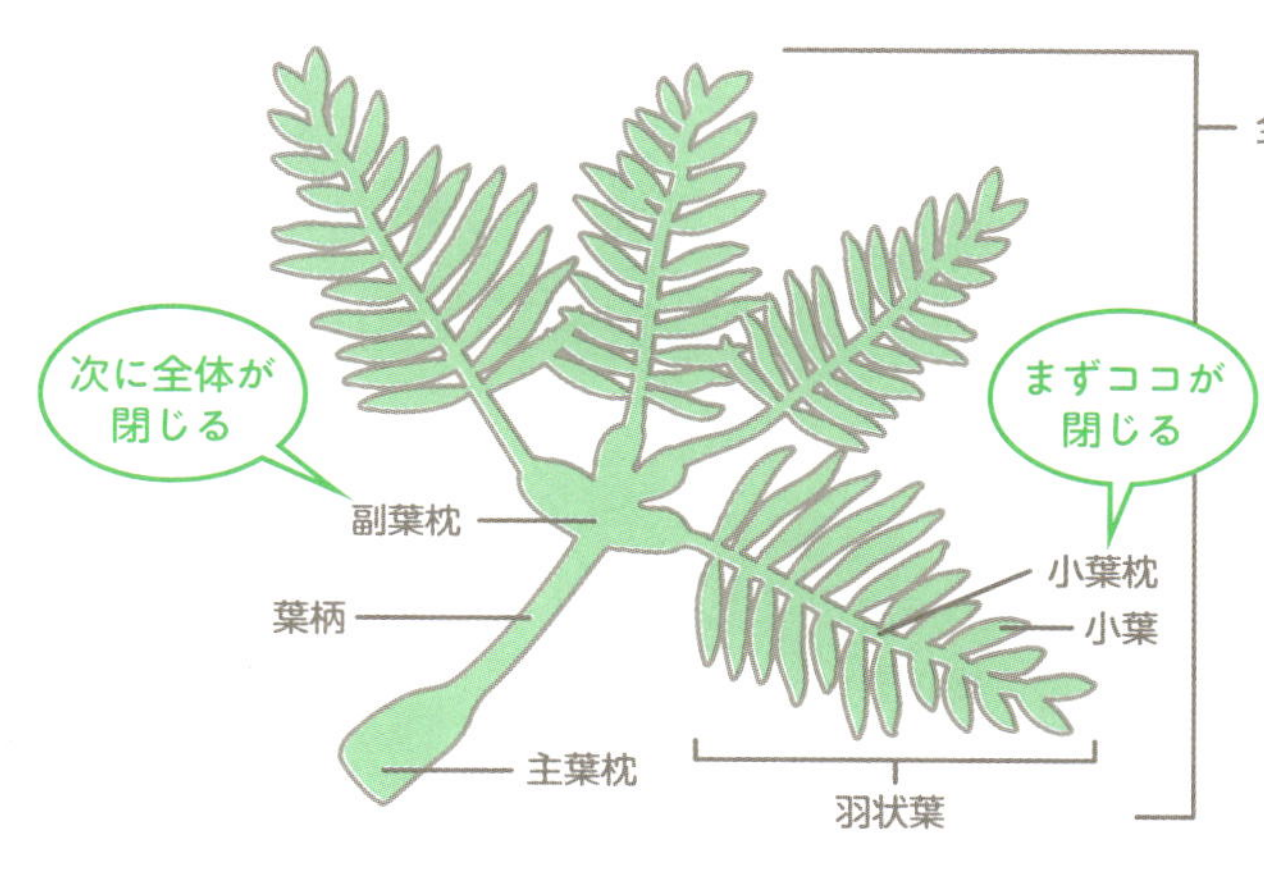

①小葉の付け根にある小葉枕の作用で閉じる。
②次に羽状葉の付け根の副葉枕の作用で全体の葉が閉じる。
③葉柄の付け根にある主葉枕の作用で葉柄全体が地面に向かって下がる。

2 おじぎのメカニズム

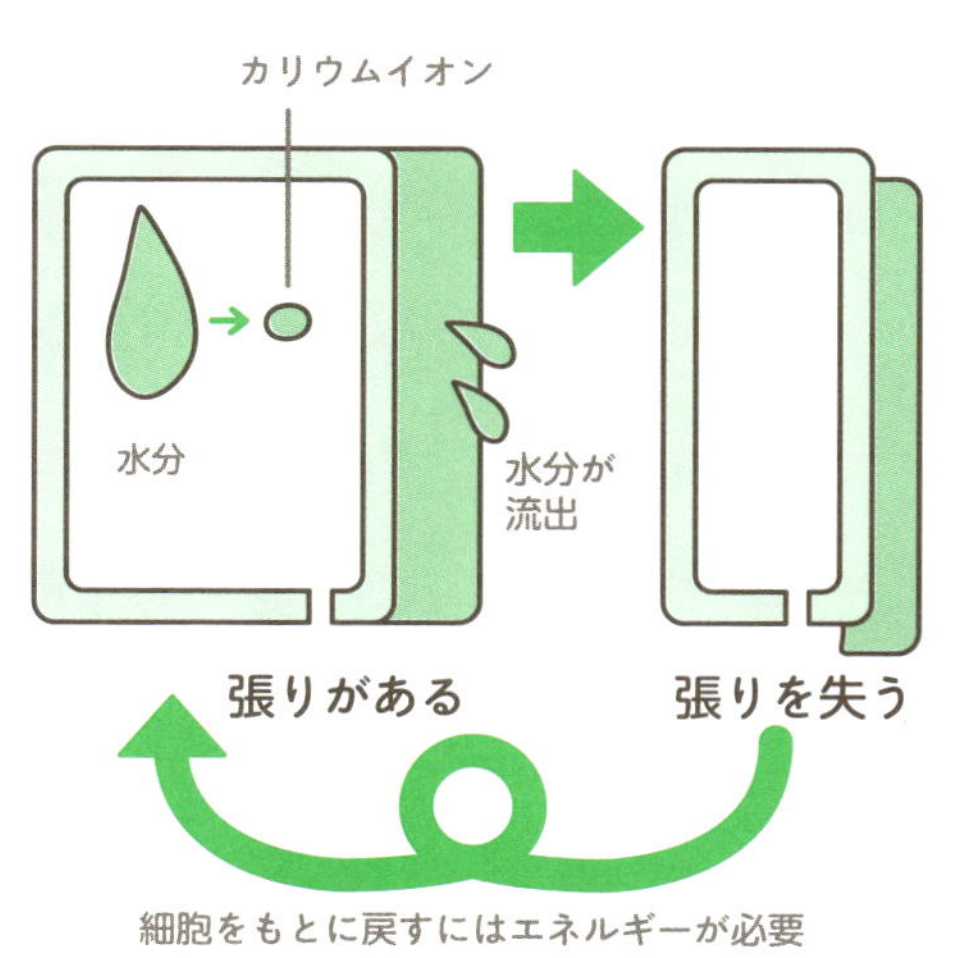

オジギソウが受けた刺激は、カリウムイオンによる電気信号となって葉の付け根の葉枕の細胞に伝わる。このとき細胞内からカリウムイオンが細胞外に出ていき、細胞内のアクチンがばらばらになって水分が流出し、葉枕は葉全体を支えられずにおじぎする。もとに戻るには流出したカリウムイオンを細胞内に戻す必要がある。いったん空気が抜けた風船を再び膨らますには、エネルギーが必要で、抜けたときより時間もかかるが、それと似た理屈だ。

ココが聞きたい

オジギソウをさわるとおじぎするのは、葉枕の細胞がしおれるため。ネムノキなどマメ科植物は、昼に葉を開き、夜になると葉を閉じるという就眠運動を行う。これは植物の概日リズムに基づく運動。

Q 光合成ができない夜は、植物も眠るの？

A 夜も休まず、エネルギーを作り続ける

人が生きていくためには、いろいろな食品から栄養を取り込まねばなりません。炭水化物、脂質、たんぱく質は3大栄養素といわれ、どんな生物にも必要です。このうち炭水化物（糖質）は、いちばん手軽にエネルギーが得られる栄養素です。

では糖からどのようにエネルギーが得られるのでしょうか。**糖はそのままではエネルギーにはなりません。いったん体の中で酸化され、ATP（アデノシン三リン酸）という物質に変換されます。**酸化には酸素を体内に取り込む必要があります。これは呼吸によって行われます。ATPはエネルギーの貯蔵や放出、あるいは生体に必要な物質の合成などに重要な役割を果たしています。

このようにATPは、私たちが使うお金に似た働きをしています。そのためATPは、生物の「生体のエネルギー通貨」ともよばれています。

植物は昼間、空気中の二酸化炭素を取り込んで、糖質などの栄養分を作り、酸素を吐き出しています。これは光合成（詳しくは114ページ以降を参照）といいますが、酸素を取り込んで二酸化炭素を吐き出す、動物と同じような呼吸はしているのでしょうか。植物は呼吸もしています。植物は光合成でATPをつくり、ATPはほかに呼吸によってもつくられ、エネルギーを得るからです。

植物が成長するためには、呼吸が必要なわけですが、ATP生産のための糖質は自分で作っていますから、それを取り込む必要はありません。

では、いつ呼吸しているのか。昼間は光合成が勝っていますが、昼間も呼吸しています。夜間は光がないので光合成はできませんが、呼吸のほうが勝っています。こうして昼間の光合成で作った栄養分（糖）から必要なATPを生産しているのです。

1 昼間は光合成、夜は酸素呼吸

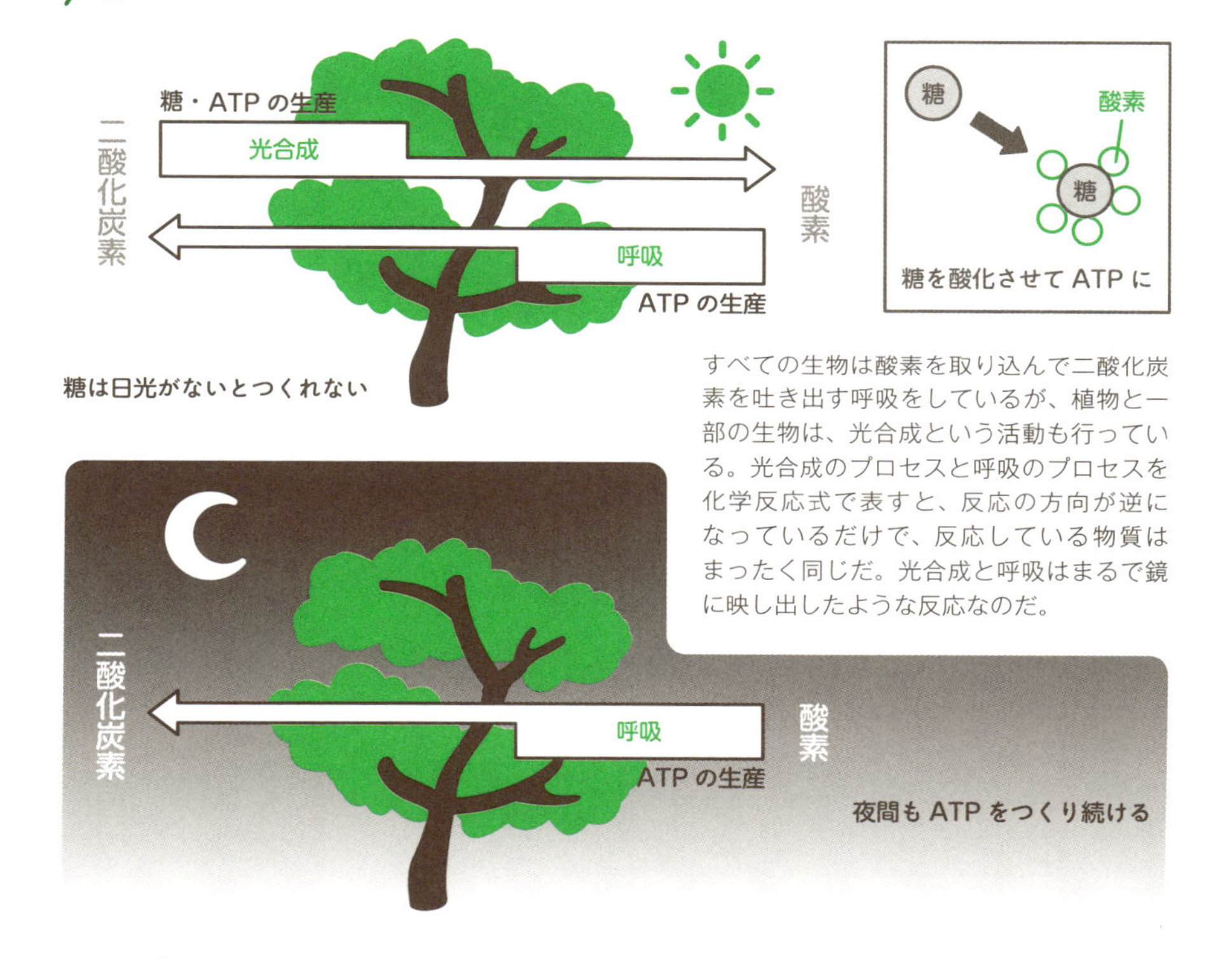

すべての生物は酸素を取り込んで二酸化炭素を吐き出す呼吸をしているが、植物と一部の生物は、光合成という活動も行っている。光合成のプロセスと呼吸のプロセスを化学反応式で表すと、反応の方向が逆になっているだけで、反応している物質はまったく同じだ。光合成と呼吸はまるで鏡に映し出したような反応なのだ。

2 植物は倹約家

呼吸によって得たエネルギーの使い方

植物は光のエネルギーで水を分解してエネルギーを貯める ATP をつくり、また糖を分解することでも ATP をつくっている。こうして得たエネルギーは、徐々に放出される。植物はエネルギーを倹約しながら生きている。

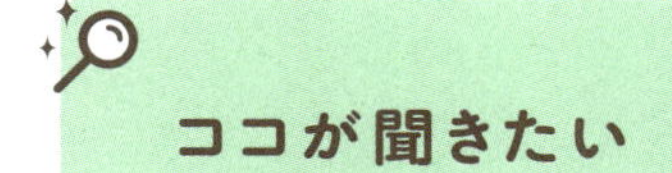

植物もふつうの呼吸をする。二酸化炭素を吸って酸素を吐き出すことは呼吸といわず「光合成」という。光合成は昼間だけに行われるが、呼吸は昼夜の区別なく行われている。

Q なぜ夏の木陰はヒンヤリするのか？

A 水蒸気を吐き出す、葉の蒸散作用の効果

夏の暑い日に、木陰の下を通ると、建物の日陰を通る時よりもずいぶん涼しく感じます。これは葉の**蒸散作用という、水蒸気を吐き出す働きによります。水蒸気はおもに葉の裏に多くある気孔という目に見えない穴から出ています。**

恒温動物のほ乳類や鳥類は、気温が高いときは発汗や呼吸を盛んにして放熱し、逆に低いときは体表の血管を収縮させて放熱を防ぐなど、体温をいつもほぼ一定に調節しています。

ところが植物にはそういう仕組みがありませんので、夏は盛んに蒸散して葉の温度を下げ、冬の寒さには細胞の質を変えることで対応しています。

では、蒸散はどのように行われるのでしょうか。たとえば、水分を多く含んだ洗濯物は、晴れた日には数時間で乾きます。これは周りの水蒸気濃度が洗濯物の水分濃度より低いからです。濃度の高いところから低いところへと水分が移動して乾くわけです。

これと同じ理屈で、植物の蒸散は、水分濃度の高い葉の中から濃度の低い外に向かい、気孔から水蒸気として出ていくのです。すると**日光に照らされて温度が高くなっている葉の全体の温度が低くなり、木陰にいると涼しく感じることになります。**

蒸散によって植物は水分を失いますが、失った分はどのように補給しているのでしょうか。

植物は水分を根から吸収し、「導管」という水分の通り道を使って体全体に水分を供給しています。導管は葉の中にも張りめぐらされていて、葉脈の中にあります。

気孔はいわば水道の蛇口のようなもので、これが開くと蒸散し、閉じると蒸散しません。砂漠のサボテンなどは、暑い日中は、水分を失わないように気孔を閉じて、蒸散を防いでいます。

葉の気孔からの蒸散と水分の吸収

蒸散

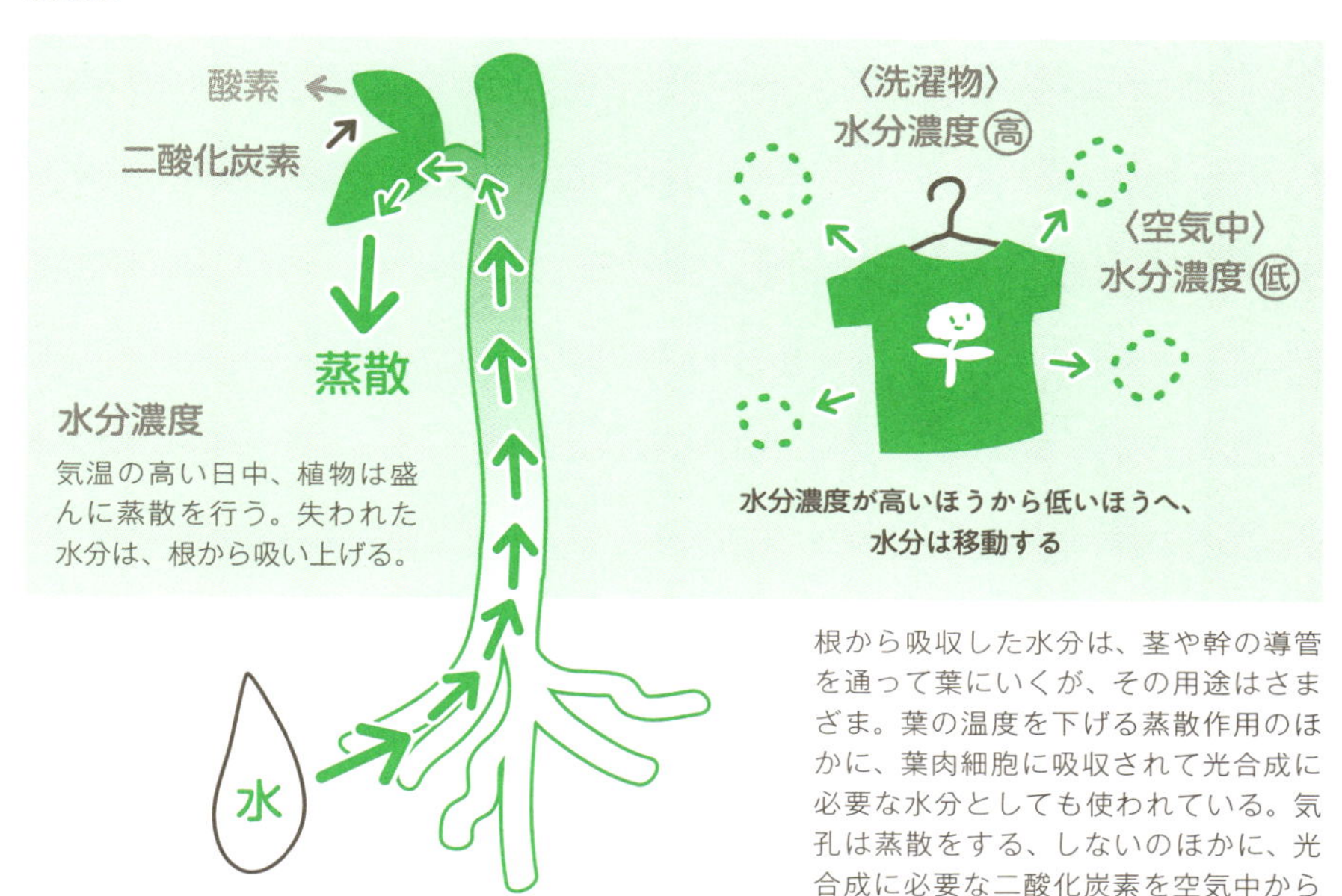

根から吸収した水分は、茎や幹の導管を通って葉にいくが、その用途はさまざま。葉の温度を下げる蒸散作用のほかに、葉肉細胞に吸収されて光合成に必要な水分としても使われている。気孔は蒸散をする、しないのほかに、光合成に必要な二酸化炭素を空気中から取り込んだり、光合成でできた酸素を放出したりする。

葉の断面

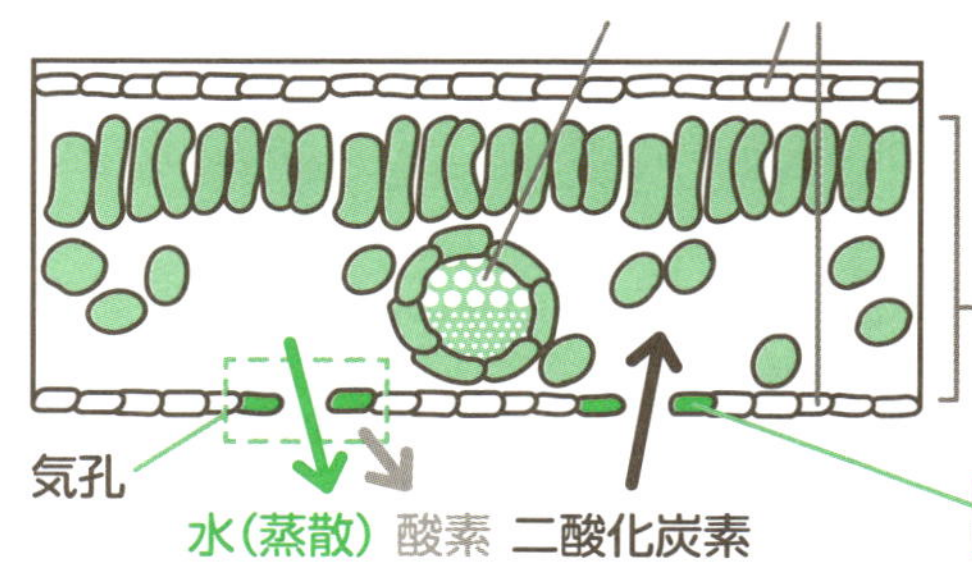

ココが聞きたい

基本的には、蒸散は気孔が集中している葉の裏で行われるが、じつは葉の表、茎、花、果実でも行われている。気温の高い日中は盛んに行われるので、根から水分が補給される。

Q 紅葉や黄葉の仕組みは？

A 葉の老化現象のひとつで、養分の回収作業

紅葉や黄葉のことを昔は「もみち、もみつ」といったことから「もみぢ」、「もみじ」へと変化したといわれています。モミジとは、落葉の前に葉の色が緑から変化する現象を表し、そのように変化する植物を一般にモミジとよぶようになりました。

カエデは葉の様子がカエルの手に似ていることからそうよばれるようになったといわれていますが、ふつうはイロハモミジのことで、やはり紅葉や黄葉をします。こちらはれっきとした植物名というより、ムクロジ科カエデ属という分類名の省略です。

しかし、カエデもモミジもこのカエデ属の木のことを指しますが、単独のカエデやモミジという種名はありません。 たとえば、日本でもっともよく見られるのは、イロハモミジ（イロハカエデとも）です。このように種名は、正式には～カエデ、～モミジという形になりますが、紅葉と黄葉のメカニズムは違います。

紅葉や黄葉、つまり「紅葉」はなぜ起きるのでしょうか。秋になるとイロハモミジやイチョウ（イチョウ科）などが一斉に紅葉してわたしたちの目を引きます。常緑樹（36ページ参照）の葉でも紅葉するものがありますが、秋の紅葉の時期と違ったり緑の葉と一緒の時期だったりして目立ちません。

紅葉は葉の老化現象のひとつです。 葉が緑のままでいると、日差しが弱くなってきても、光合成がある程度進みます。しかし、葉には蒸散作用もありますから、葉が緑色のままでいると冬の厳しい季節に水不足になって枯れる可能性があります。**そこで紅葉して落葉の準備に入ります。この準備作業が紅葉として現れるのです。** さらに紅葉はそれまでに光合成で作られた養分の回収作業にもなっていて、ほかに無機養分の窒素が回収されます。

1 黄葉と紅葉のメカニズム

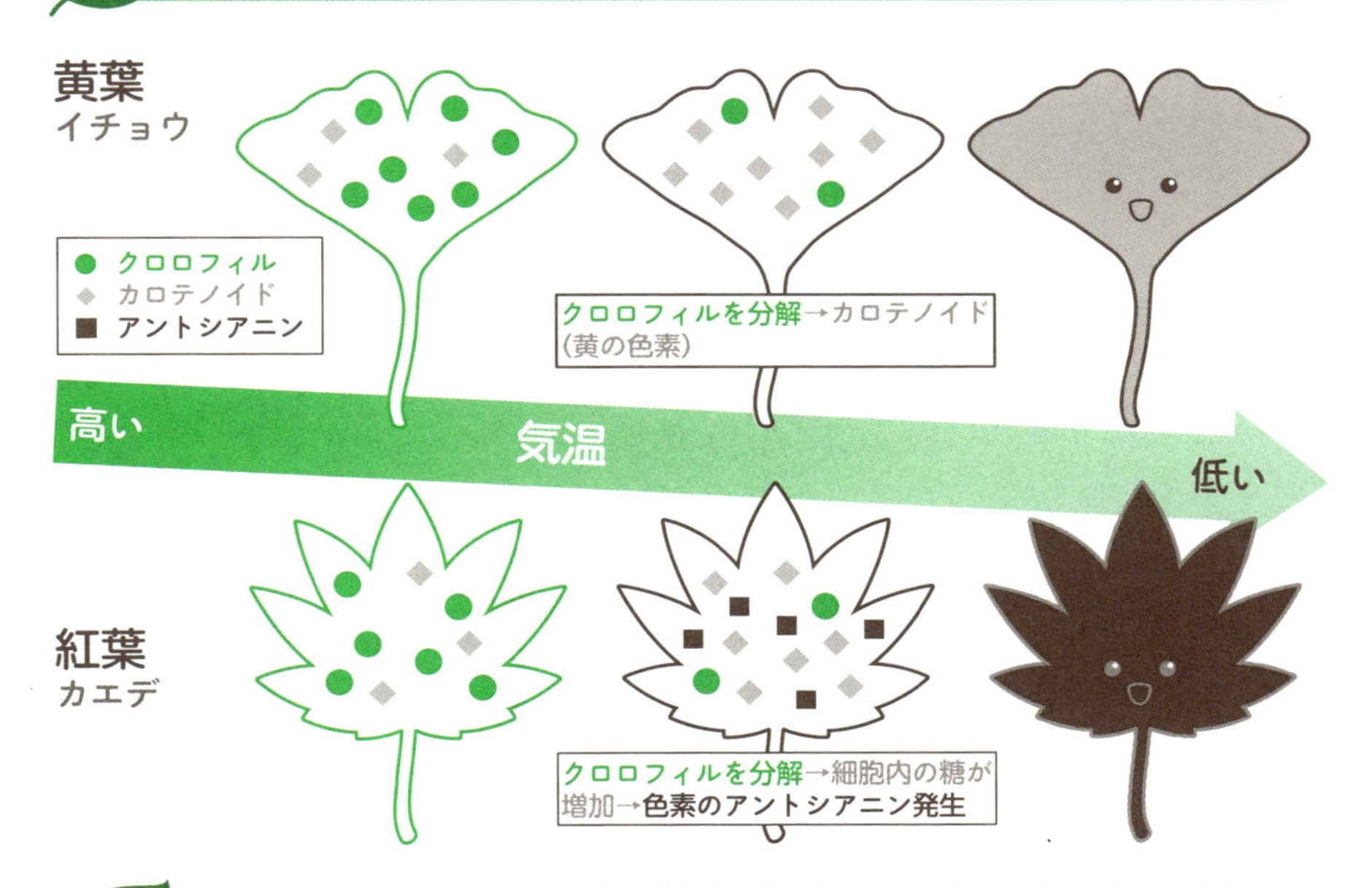

2 紅葉は養分の回収作業

光合成によって作り出されたたんぱく質や地中から吸収された無機養分（おもに窒素）の回収作業。回収された養分は、葉の中にある維管束を通って枝や幹に送られる。

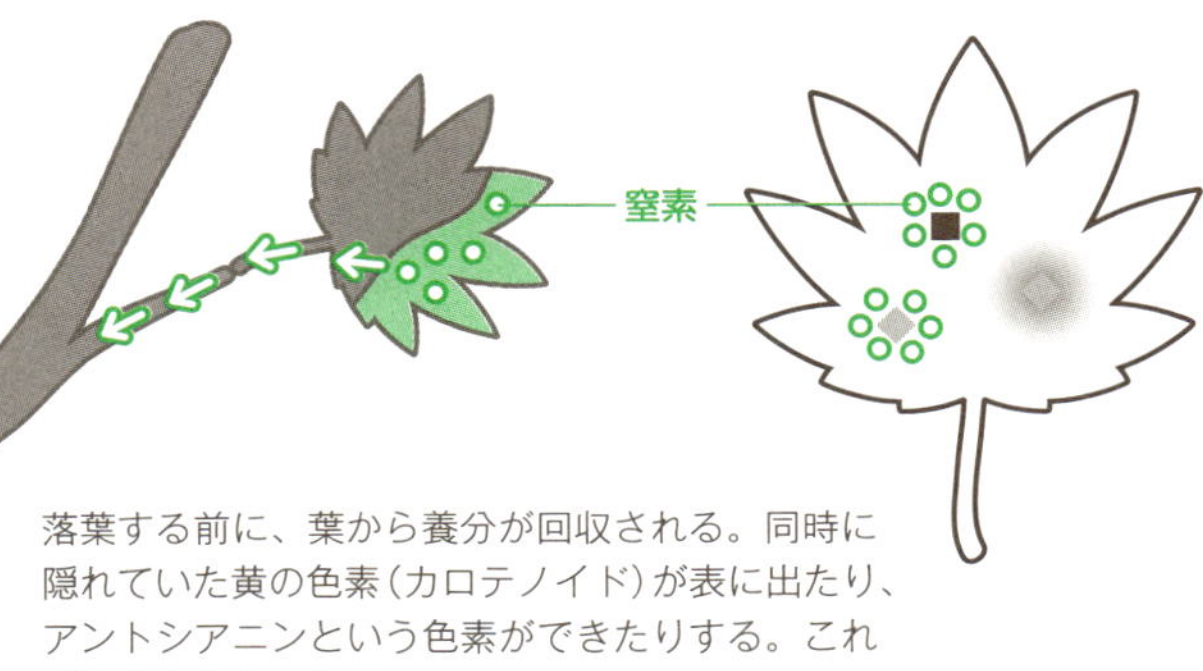

落葉する前に、葉から養分が回収される。同時に隠れていた黄の色素（カロテノイド）が表に出たり、アントシアニンという色素ができたりする。これが黄葉や紅葉になる。

ココが聞きたい

葉のクロロフィルが分解されて、カロテノイドが目立ってくると黄葉する。分解されたクロロフィルが葉に残っていた糖分と反応し、アントシアニンが作られると紅葉する。

Q なぜ植物の性はややこしいの？

A 花は生殖器官で有性生殖で種子をつくるが、無性生殖もあるから

全陸上植物の約90％をしめる被子植物の多くは、めしべ、おしべがひとつの花にある両性花ですが、トウモロコシのように、**1本におばなとめばながあって、それが違う位置にある被子植物もある**ので、植物の性は一筋縄ではいきません。

裸子植物はマツのようにおばな、めばなが1本の木に分かれて出ているものや、イチョウのように雄株（オスの木）、雌株（メスの木）に分かれているものなどがあって複雑です。

イチョウのオス・メスは、銀杏の実ができてからでないと、判定がほとんど不可能といわれています。銀杏は果肉を含めて全体が種子なので、銀杏の実を落としたイチョウの木がメスの木、母親ということになります。

なぜ被子植物や裸子植物などの種子植物は、受精後まず種子になるのでしょうか。種子は発育を途中でやめた赤ちゃんのような存在で、休眠状態にありますが、芽吹く時期が来ると誰の世話も受けずに、親からもらった種子の中の栄養分からエネルギーを得て発芽します。種子は水や光といった環境条件が適切にならないと発芽しません。これは発芽後の成長を確実にするためです。こうして植物は、なるべく多くの種子をできるだけ広い場所にばらまくことによって子孫を増やそうとします。

種子はまた、タイムカプセルのように長期間生存することも可能です。**1951年、2000年間眠っていたハスの種子が発掘され、翌年見事に開花した例（大賀ハス）もあります。**作物の種子を人工的に長期保存する研究も行われていて、一般に乾燥と低温が長期保存の必要条件といわれています。

植物の性は複雑ですが、どんな形態であっても、目的は種子をつくることなのです。

1 昆虫などに受粉させる被子植物

花におしべ・めしべがあるふつうの植物

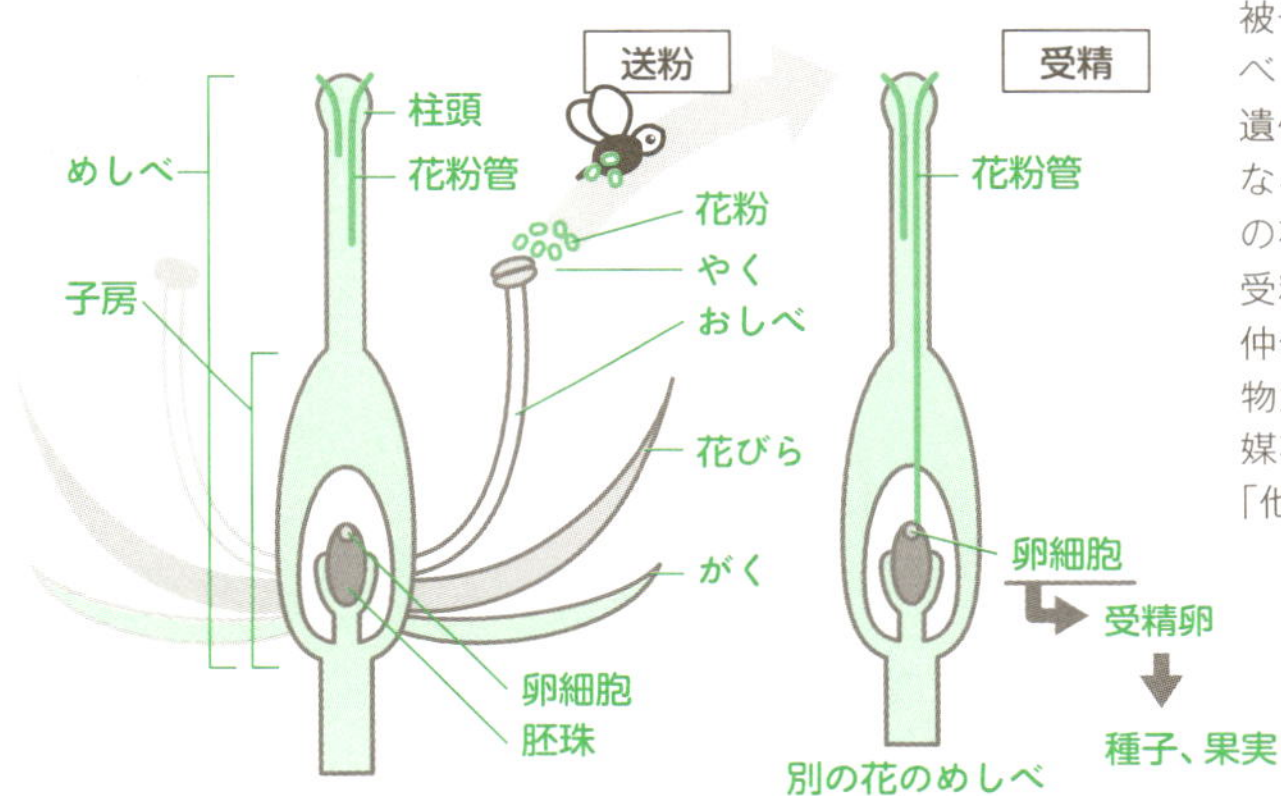

被子植物の多くの花は、おしべとめしべがある（両性花）。遺伝的な弱体化を避けるため、なるべく同じ仲間の別の植物の花に花粉を届けてめしべに受粉させようとする。それを仲介するのは、昆虫などの動物だ。こういう植物の花を「虫媒花」といい、受粉の形式を「他家受粉」という。

2 風で受粉する裸子植物

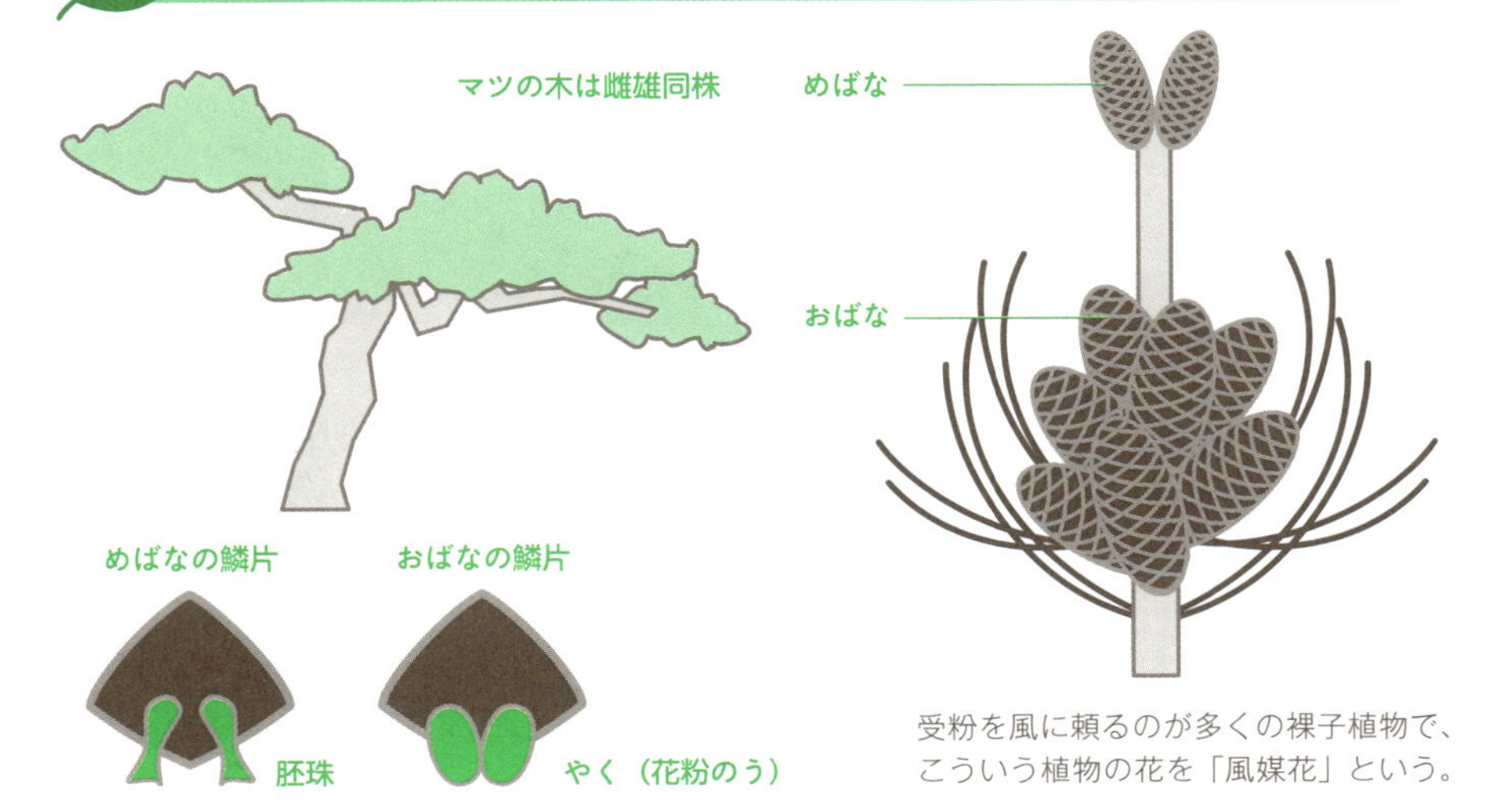

受粉を風に頼るのが多くの裸子植物で、こういう植物の花を「風媒花」という。

ココが聞きたい

一つの花におしべ、めしべがあるものは両性花。一つの株におばなとめばなが別にあるものは雌雄同株。おばなの株とめばなの株が分かれているものは雌雄異株。

Q 性によらない増え方って？

A 栄養生殖など植物の増殖には柔軟性がある

植物には性の多様性があり、しかも性によらない無性生殖もある柔軟性があります。これを栄養生殖（栄養繁殖とも）といい、その方法も多様です。

たとえばウキクサは、まれにめしべとおしべを持った目立たない花を咲かせますが、通常は葉状体（茎の変形したもの）が次から次へと親から別れ、ネズミ算式に増えます。

タケ、ササは地下茎を伸ばして増えます。タケノコはその一例です。マダケは１２０年に一度いっせいに花が咲くといわれ、咲いた後は竹林全体が枯れるといいます。ササの場合は、50～60年に一度いっせいに開花し、やはり咲いた後に枯れるともいわれます。園芸で人気のあるリュウゼツラン（アガベ）は、株分けで増えますが、自然状態では数十年（60年という説も）に一度開花し、結実後枯れます。

栄養生殖で増える植物は遺伝的には同じクローンで、種子ができるまで長期間かかりますので、遺伝的多様性はどうなっているのかなどの点は、現在ＤＮＡ分析などで研究されています。

身近な例では、セイヨウタンポポがあります。これはネガティブな意味でスーパー帰化植物といわれ、日本の在来種の生育地に侵入して在来種と交雑して、雑種を作ります。繁殖力が強く、種子がなくても、芽があれば、そこから増えることができます。また花粉ができなくても、勝手に処女生殖して種子を作るので、どこにでも生え、しかも冬も咲くことが多いので、１年中花を咲かせます。

栄養繁殖する植物には、ユリやヒガンバナのように、球根などの地下茎で増えるもの、根が肥大してできたサツマイモのように根で増えるもの、葉が落ちてそこから芽が出て増えるハカラメなどという植物さえあります。

1 植物の栄養生殖の例

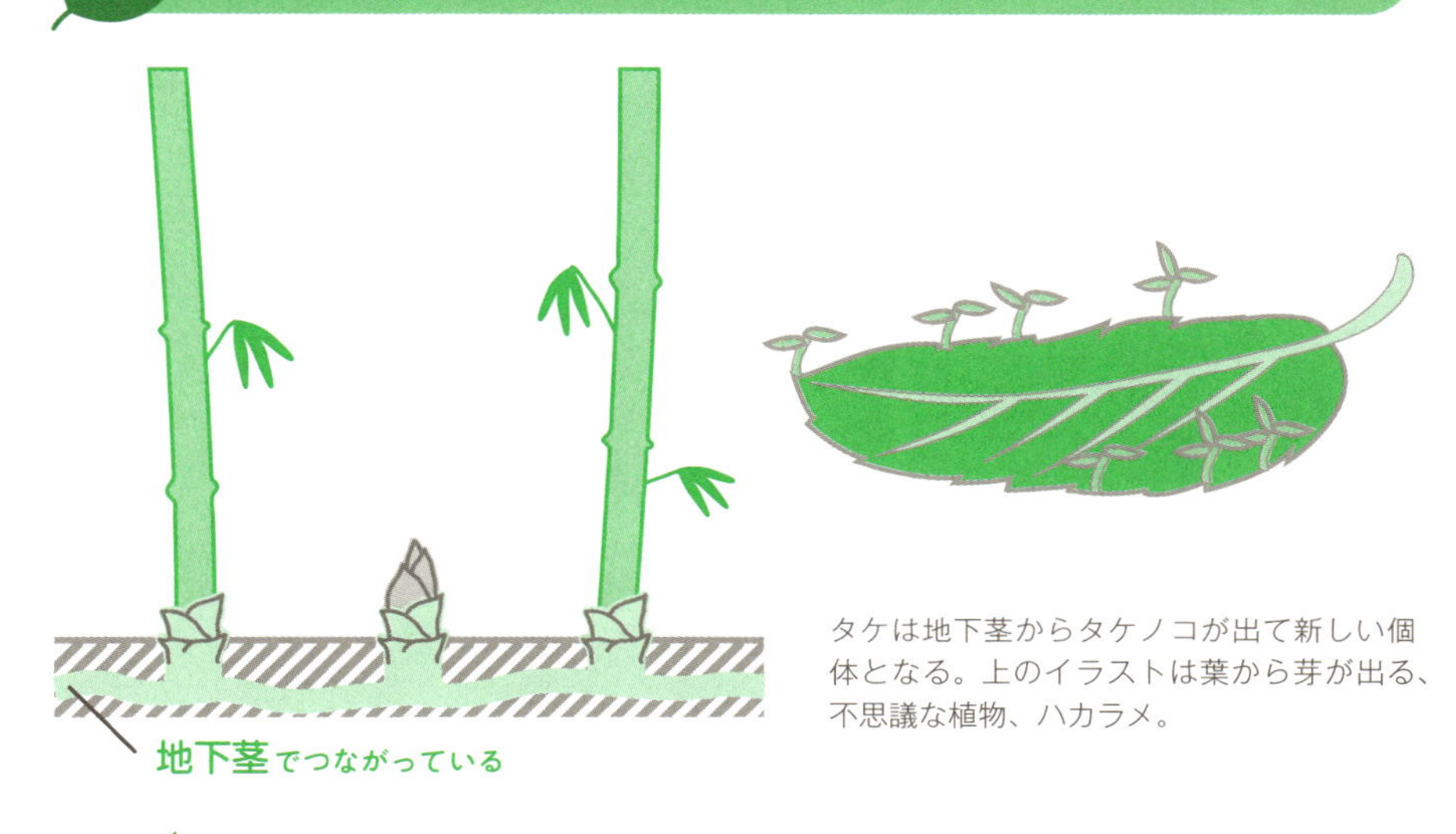

タケは地下茎からタケノコが出て新しい個体となる。上のイラストは葉から芽が出る、不思議な植物、ハカラメ。

2 有性生殖のほんとうの意義

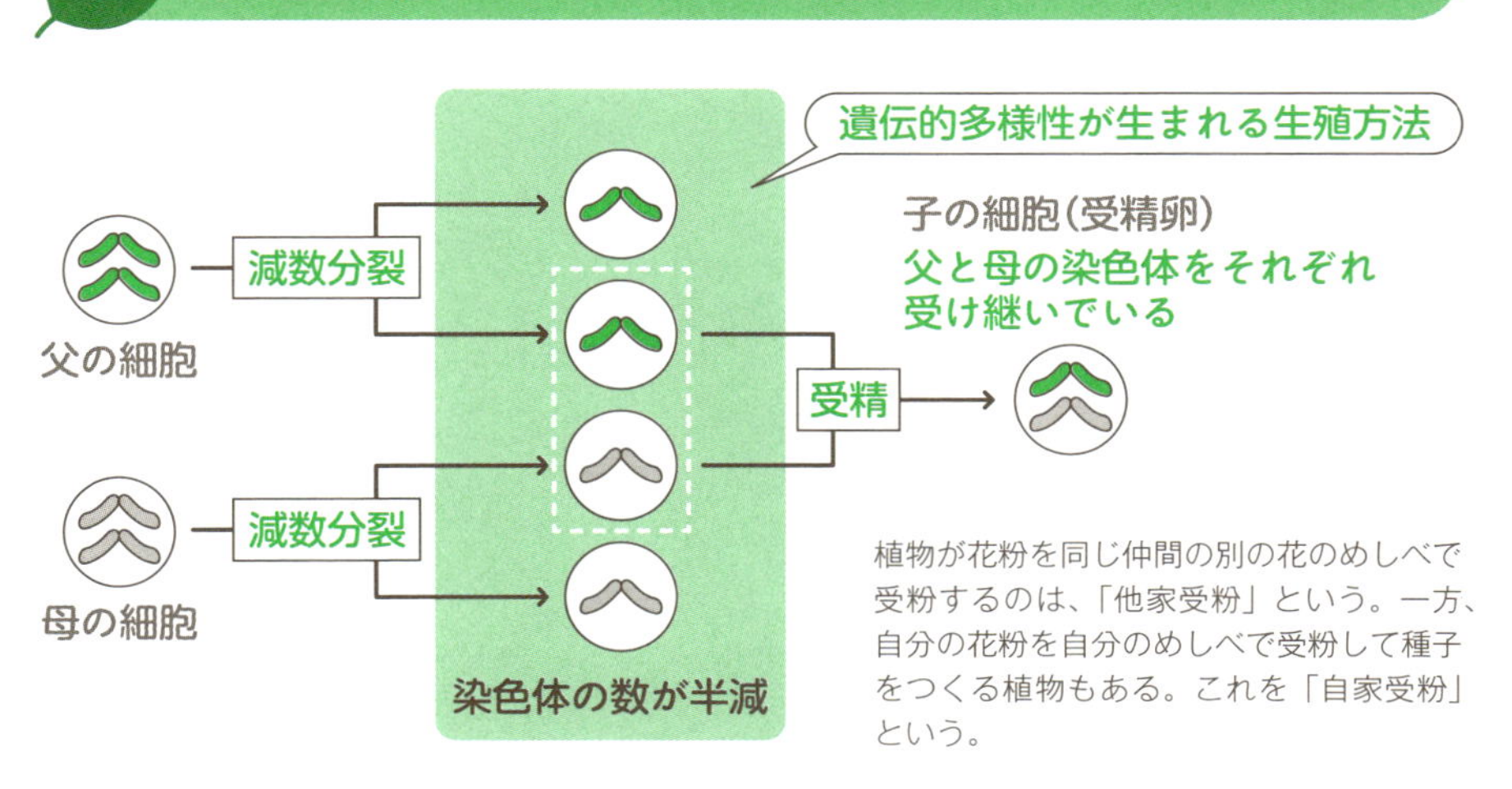

植物が花粉を同じ仲間の別の花のめしべで受粉するのは、「他家受粉」という。一方、自分の花粉を自分のめしべで受粉して種子をつくる植物もある。これを「自家受粉」という。

ココが聞きたい

性があるのに受粉せずに、さまざまな方法で増えるのが栄養生殖。地下茎で増えるもの、根で増えるもの、葉から増えるものなどさまざま。植物の増殖にはかなりの柔軟性があるのだ。

Q ジャガイモ、ナス、トマトの意外な共通点は？

A 分類学を知るとわかる

ふだん食べる野菜には、植物の分類学を知ると、へぇーっと思えることが見えてきます。たとえば、ジャガイモ、ナス、トマトはよく食卓に登場する野菜です。名前も姿かたちも異なる野菜なのですが、じつは、**これらは植物学的には、すべてナス目、ナス科、ナス属の野菜なのです。**つまりこれらは親類なのです。

しかし、ナス目、ナス科、ナス属といわれても、ナスだけでほかの野菜はどこにいったの？と疑問を持たれたでしょう。じつはナス、ジャガイモ、トマトは、同じナス属の「種」名なのです。ふだん私たちが野菜や花の名前を口にするときは、この種名を使っているわけです。この種名は属名や科名と同じになることも多々あります。

どうしてこのような面倒なことをするのでしょうか。植物の分類方法には長い歴史があります。

植物学の父とされる古代ギリシアのテオプラストス（紀元前4世紀～3世紀）は、その著作『植物誌』で、約500種の植物を分類し、現代の分類学の先駆けとなるような植物分類学を打ち立てました。

その後18世紀になって、やっと合理的で学問的な分類方法である二名法がスウェーデンのカール・フォン・リンネによって提唱されました。二名法は、生物の種の学名の付け方で、ラテン語を使い、属と種の名を並べます。属名は大文字で始め、種名は小文字で始めます。生物分類学の父といわれるリンネ以来、さまざま人によって分類方法が確立されてきました。

こうすることによって、**姿かたちや名前を見てもどんな関係があるかわからない生物は、「属」名と「種」名がわかると、少なくとも近い種か遠い種なのかがわかります。**

1 植物どうしの関係は分類学でわかる

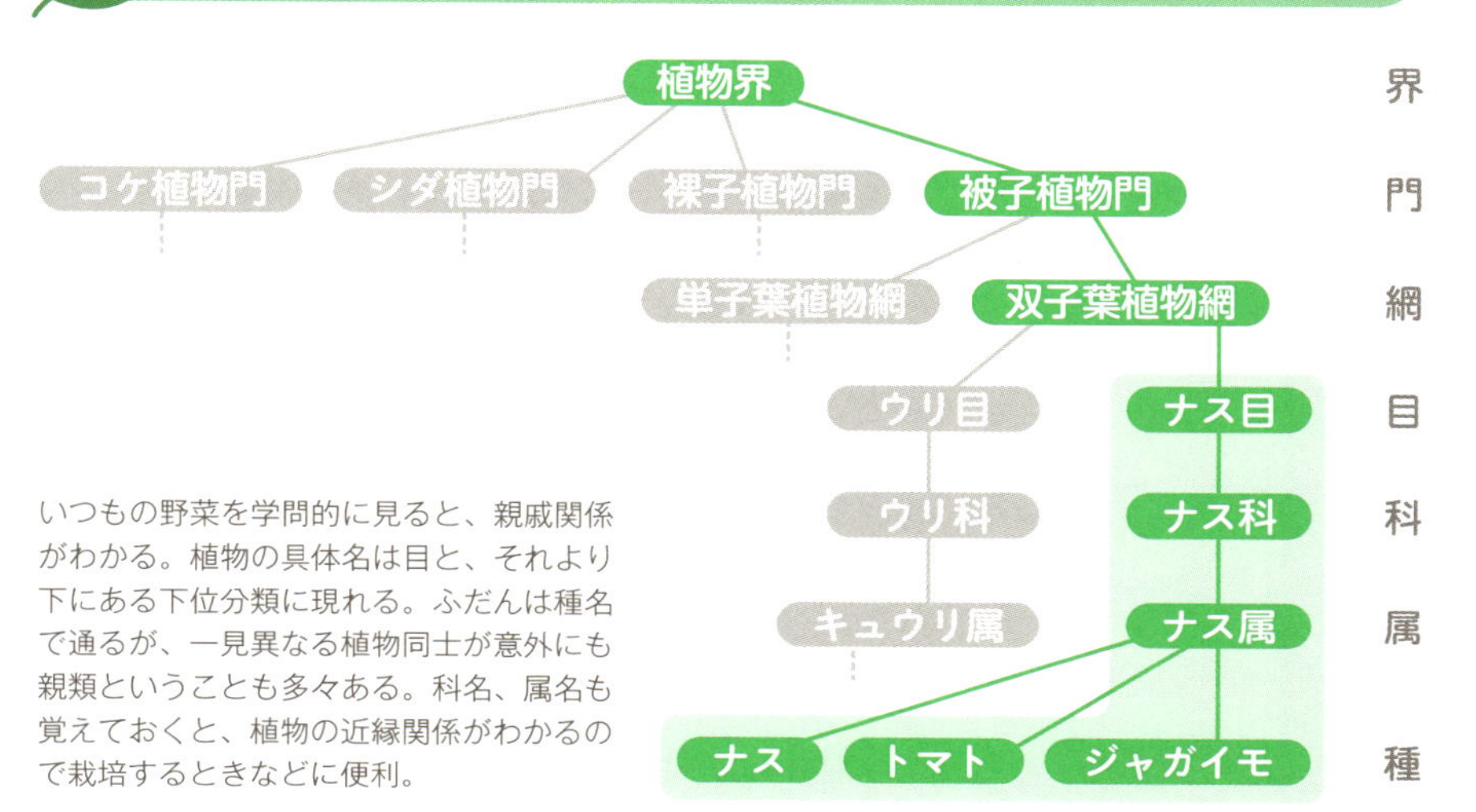

いつもの野菜を学問的に見ると、親戚関係がわかる。植物の具体名は目と、それより下にある下位分類に現れる。ふだんは種名で通るが、一見異なる植物同士が意外にも親類ということも多々ある。科名、属名も覚えておくと、植物の近縁関係がわかるので栽培するときなどに便利。

2 ジャガイモの果実はトマトそっくり？

左はジャガイモの果実の写真。ふだん食べているジャガイモは地下茎で果実ではない。一般にいうジャガイモは地下茎の部分（塊茎）のこと。実を見ればトマトと同じナス属の仲間であることもうなずける。

ココが聞きたい

「かい・もん・こう・もく・か・ぞく・しゅ」が分類学の基本。目から植物の具体名が出てくる。科名は目と同じ名前が多い。たとえばキュウリは種名で、ウリ目、ウリ科、キュウリ属に続く名前。

COLUMN 3

花の美しさや香りは、人を喜ばせるためではない

花に思いを重ねることは自由だが、花にとって色や香りは虫や鳥を招いて、受粉を成功させるためのしかけだ。

昆虫は人間の見る目と違い、紫外線の目で花を見ている（詳しくは13ページ参照）。そのため蜜のありかがすぐわかり、受粉の成功率が高まるというわけだ。

鳥は人間と同じように色を見ているが、鼻が利かないので、色だけに頼る。

さまざまな花は、朝、日中、夕と咲く時間帯が違うが、昆虫の活動に合わせて香りを出すため。芳香ばかりではなく、たとえば甘い香りを出す花にはミツバチが、悪臭にはハエがやってくる。

マドレーヌという品種のバラ。香りが強すぎるとつぼみが開かなくなる恐れがあるから、生花店のバラは匂いがあまりきつくない。

3章

見た目が9割？
植物の「形」と戦略

Q 昆虫の擬態と植物の擬態、どちらがすごい？

A 子孫を残すために擬態する植物もなかなか

自然界では動物、特に昆虫が擬態することはよく知られています。花に擬態するハナカマキリ、木の皮に擬態するキノカワガ、枝に擬態するシャクガの幼虫などたくさんいます。鳥などの敵から身を隠すためか、かくれて獲物を狙うためです。

植物も負けてはいません。**フェイク昆虫ともいうべき植物は、ランのなかまにたくさんあります。**ラン科の植物は、2万6000種もの野生種があり、南極を除く大陸や島々のどこにでも見つかる、世界で一番大きい植物のファミリーです。また植物の進化上、最後に登場したのがランです。

研究によれば、ランは8400万年～7600万年前の白亜紀後期に現れ、6500万年前の**恐竜絶滅時代を華奢な体で生き延びた植物ですので、子孫を残すさまざまテクニックを持っていたに違いありません。**

花を咲かせるランなど、虫媒花（ちゅうばいか）といわれる植物は、花の色や香りで花粉を運ぶ昆虫（送粉昆虫）をおびき寄せ、報酬として花の蜜や花粉を差し出します。しかしランの中には、花粉を運ばせるだけで、報酬を出さないランもあります。

これは自分の花粉を自分のめしべにつける自家受粉を避け、**確実に他の個体の花に受粉する他家受粉をするためといわれています。**他家受粉は種が弱体化しないためには必要だからです。ランの唇弁（しんべん）がメスバチそっくりで、しかもメスバチが出すフェロモンまで出すランが何種類かあります。これを見つけたオスバチはフェイクメスに交尾しようとしますが、できずに花粉をつけて飛び去るという仕組みです。

一度だまされたオスバチは戻ってこないで、**ほかのフェイクメスバチを見つけると、交尾を試みます。こうして、確実な受粉が行われます。ランの擬態は子孫繁栄のためなのです。**

昆虫をだます？ ランの花の特徴

昆虫が着地しやすい唇弁

唇弁は3枚の花弁のうち下の1枚が、昆虫が着地しやすいように、このような形となったといわれる。花びらは6枚あるように見える。ランの世界は実に興味が尽きず、かのダーウィンもその研究に情熱を傾けたという。

❶ ガク　形は種類で変化

❷ 花弁　2枚

❸ 唇弁　もとは花弁

オフリス・アピフェラの花（左）とフェイクメスバチにだまされるハチ（右）

メスバチのフェロモンを出して
オスバチをおびきよせる

この見た目がすごい

子孫を残すあの手この手をもつランは、もっとも進化した植物といわれる。見た目もそれにふさわしく千変万化だ。しかし、日本には絶滅危惧種のランが何種もあるのは悲しい。

Q 植物の名は体を表す？

A なにかに似て見えるのは人間の都合

サギソウ、マイヅルソウ、ハンカチノキ、ブラシノキ、ゾウノミミテンナンショウなど、動物の名や物の名がついている植物名があります。その植物の花がまるで動物や物の形にそっくりなことからつけられたケースも多いようです。

サギソウ（ラン科サギソウ属）は、ラン科の花の特徴である唇弁がシラサギの飛んでいる姿に似ています。マイヅルソウ（舞鶴草、ユリ科マイヅルソウ属）の名前は、ハート形の葉っぱが翼を広げた鶴に似ていたことからきています。

ハンカチノキ（ミズキ科ハンカチノキ属）**の白いハンカチのように見えるのは、実は花びらではなく、葉が変化した苞葉というものです。**苞葉は2枚あり、それに覆われるように本来の小さな花の集まり（花序）があります。花の色素には、白色がありません。本当は、光が素通りして透明になるはずですが、光がハンカチの中で散乱して、ビールの泡のように白く見えます。太陽光には、有害な紫外線もあり、ハンカチは日除けの役割を果たしています。この部分には紫外線を吸収してしまう色素が多いので、紫外線除けにもなります。

ブラシノキは、オーストラリア原産のフトモモ科の植物です。赤い部分は花弁ではなく、花糸とよばれる長い糸状になったおしべです。本来の花は緑色をしていて目立ちません。花糸を含む花全体がブラシのように見えることから和名がつけられました。

ゾウノミミテンナンショウは、テンナンショウ（天南星の意味）属サトイモ科のなかまです。葉が変形した苞は仏炎苞とよばれ、ラッパ状となり、中にたくさんの小さな花があります。**大きくなった2枚の苞を後ろから見ると、まるでゾウの耳のように見えます。**

そっくり植物図鑑

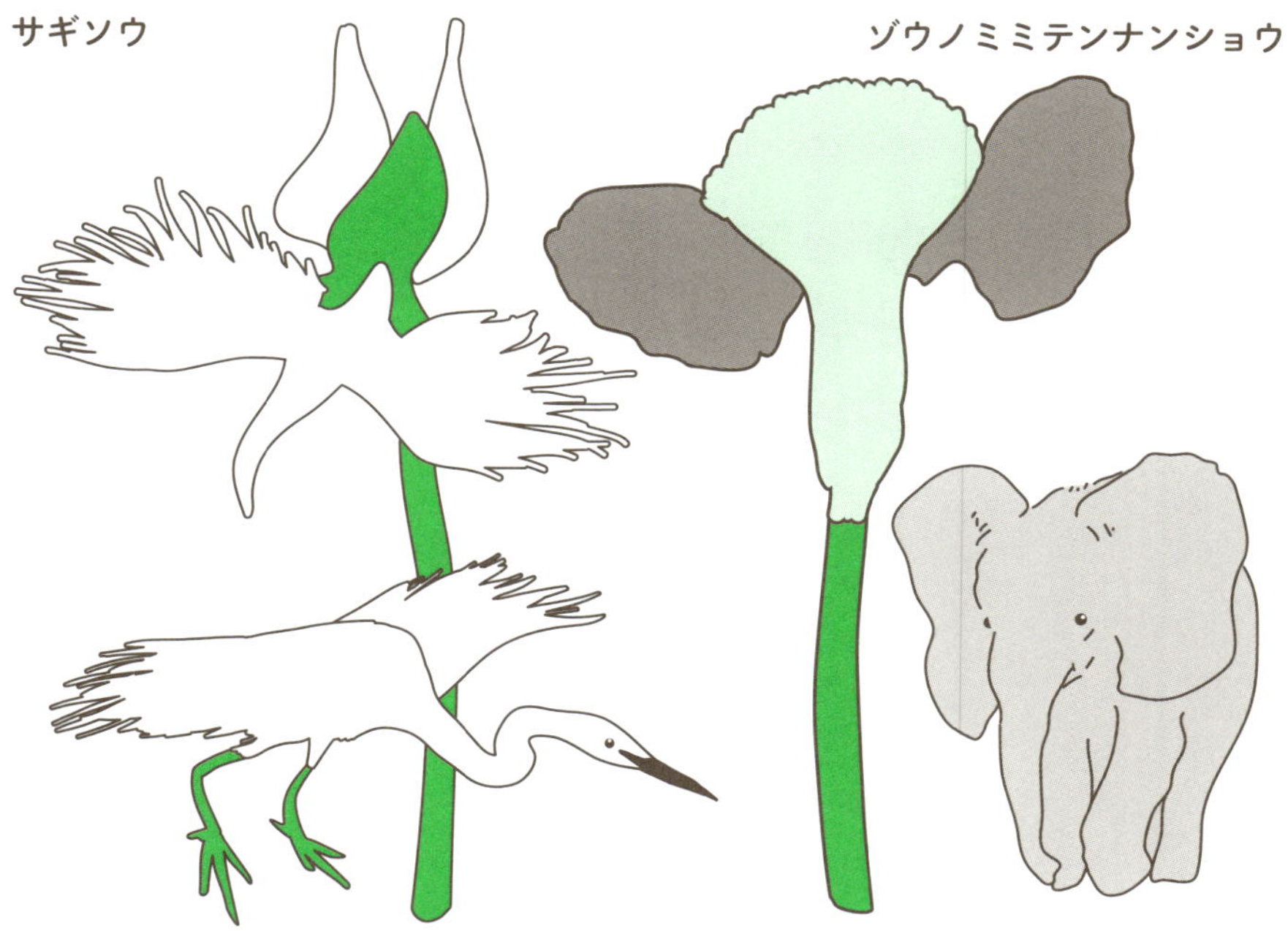

後ろから見たゾウノミミテンナンショウの仏炎苞

ハンカチノキ

ブラシノキ

なにかにそっくりな植物は、特にランのなかまに多い。まるで猿の顔のような花のドラクラ・シミア、人形がたくさんぶら下がったような花のオルキス・イタリカなど。もちろんラン以外にも、ここで紹介したようなそっくり植物がある。

この見た目がすごい

なにかに似ているといっても人間から見た場合の話。それぞれの植物は、それなりの目的があって、そういう形をしているのであり、これも生き抜く知恵のひとつ。

Q 植物は数学を知っている？

A フィボナッチ数の配置になっている植物がある

たとえば、ロマネスコ（アブラナ科アブラナ属、カリフラワーの一種）という野菜は、見た目がまるでコンピュータ・グラフィックス（CG）で描かれたように、人工的で数学的な形をしています。小さなつぼみがたくさん積み重なって大きなつぼみができています。

大きなつぼみの中の小さなつぼみの並び方をよく見ると、らせん状に連なっています。**そのらせんを数えると13本あることもわかります。これは、1、1、2、3、5、8……と続くフィボナッチ数列に出てくる数なのです。**まさに数学の定理を植物が形に表したともいえます。

さらに小さなつぼみ自体をよく見ると、これも、もっと小さなつぼみがらせん状になってできていることがわかります。ある形の中に、相似なさらに小さな形があり、その小さな形の中にも、もっと小さな相似形が現れて、きりがないことを、数学ではフラクタルとよんでいます。フラクタル数学は、数学の1分野ですが、**自然界に現れる形には、ロマネスコに限らず、多くの生物や自然造形にフラクタル状の形が隠れています。**

フィボナッチ数は、松ぼっくりの実やオウムガイの殻の構造、花びらのつき方や枝のつき方、葉のつき方などにも見られます。自然界に見られるフィボナッチ数の例は、数限りなくあります。フィボナッチ数が現れるのは、それが生物にとって都合がよいからです。

フィボナッチ数には黄金比が隠れていて、360度を黄金比1.618……で割った答えを360から引くと、137.5度になり、これは葉が効率よく光を受ける角度です。植物だけでなく、動物にもフィボナッチ数は現れます。

1 早わかりフィボナッチ数

フィボナッチ数列

1＋1＝2
1＋2＝3
2＋3＝5
3＋5＝8
5＋8＝13
8＋13＝21
13＋21＝34
…

フィボナッチ数列は、直前の2個の数を加えて次の数とすることによってできる。13世紀イタリアの数学者、レオナルド・フィボナッチがウサギの増え方を例にして説明した数で、1202年に出版した『算盤の書』で紹介されている。

2 自然界に現れるフィボナッチ数

ロマネスコ

オウムガイ（断面）

ロマネスコとオウムガイの断面。オウムガイのらせんは、フィボナッチ数列からできる黄金比でつくられているとされることが多い。

この見た目がすごい

ヒマワリの種の並び方は、ロマネスコと同じようにフィボナッチ数に従ってらせん状に並んでいる。植物だけでなく動物にもフィボナッチ数は現れる。

Q アジサイはなぜ丸いものが多いのか？

A 日本のアジサイが丸くなって、ヨーロッパから帰ってきた

色とりどりのアジサイは、小さな花びらがたくさん集まって丸い形をしているものをよく見ます。これらを手まりアジサイとよんでいますが、正式な和名はセイヨウアジサイです。名前からわかるように、セイヨウアジサイはヨーロッパから輸入された栽培品種です。実はアジサイの原産地は、日本なのです。**日本原産のガクアジサイという品種が中国に伝わり、そこからヨーロッパに持ち込まれ、品種改良によってできたのがセイヨウアジサイです。**つまり、セイヨウアジサイは、いわば出戻りの花です。

ガクアジサイの形は、セイヨウアジサイのように派手ではなく、数えるほどしかない花びらが中心を囲むような形をしています。ガクアジサイという名前からわかるように、**「花びら」は本当の花びらではなく、つぼみを包んでいる葉であるガクが花のように変化したものです。**セイヨウアジサイの花びらもすべてガクが変化してできています。これを「装飾花」といいます。

では本当の花はどこにあるのでしょうか。ガクアジサイの場合は、中心に小さく目立たないものがたくさん集まっていますが、一つひとつがおしべもめしべもある本当の花です。これに対し、**セイヨウアジサイには、本当の花は存在せず、装飾花だけの品種です。**

ガクアジサイの装飾花は、地味な花に昆虫を招き寄せる役割をしています。昆虫は、この装飾花を目指してガクアジサイに蜜を求めてやってきて、結局花粉を運ぶことになります。

一方セイヨウアジサイには、本当の花がありませんから、昆虫が来ても蜜はなく、受粉もできません。**セイヨウアジサイは、ガクアジサイのように種で増やすことはできず、挿し木で増やします。**

1 日本と西洋、アジサイの違い

ガクアジサイ
日本固有の種

日本のホンアジサイも手まりのように丸く咲く。これはガクアジサイの品種改良種。

セイヨウアジサイ
ヨーロッパから帰ってきた花

2 まだまだある、花ではない花

ハナミズキ

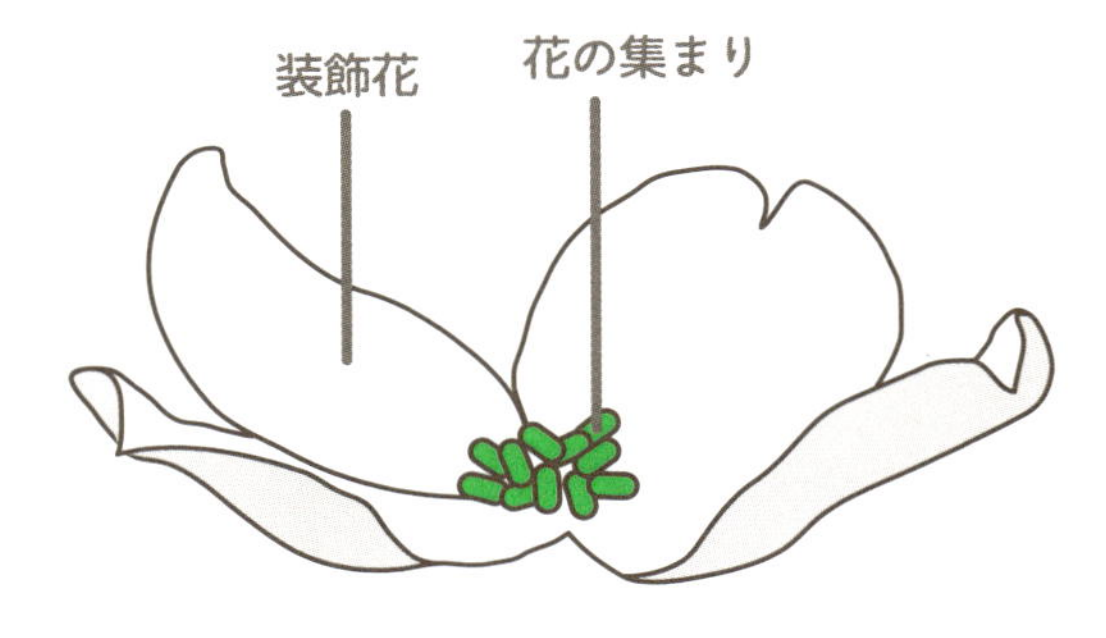

ハナミズキの花弁に見えるのは苞。本当の花はとても地味。
ハナミズキは、葉が変化して苞が花びらのようになった。萼片（がくへん）と苞は似ているが、花びら全部を支えるのがガク、つぼみをくるむようにして守っているのが苞だ。

この見た目がすごい

アジサイの装飾花は、変化した萼片からできている。変化した萼片と苞は花びらに見えるので区別しにくいが、それぞれの役割が違う。

Q チューリップはなぜ完全に開かないの？

A 満開になるが、見るタイミングを逃している

ふつうの花は朝に開き、夜に閉じることを毎日繰り返します。それは送粉昆虫が来る昼間に咲かないと、受粉できない恐れがあるからです。夜はガなどのほかは、ほとんど虫が来ないので花を閉じることで無駄を省いています。

しかし、チューリップは、昼間は満開しません。チューリップは、外で咲くときは気温によって開花するかどうかが決まります。暖かい部屋に置けば満開しますが、散るのも早いです。

チューリップは、気温が20℃前後になると開きはじめ、10℃前後で閉じます。チューリップのように温度によって花の開閉が決まることを「温度傾性」といいます。また開くとき、花びら下部の水分が増え、逆に閉じるときは水分が失われます。

チューリップの開花期は約1週間で、朝に満開し、日中は少しすぼめ、夕方に再び閉じるというサイクルを数回繰り返します。

夜咲く花もたくさんあります。特に、夜になっても気温の高い**熱帯地方の花は、夜咲くものが多いようです。**これは熱帯地方では、夜に活動するスズメガなどの昆虫、花蜜を求めて飛ぶコウモリなどの動物が多いからです。夜咲く花は、これらの生き物によって受粉し、子孫を残します。

では、**生き物たちは暗い夜にどうやって花を見つけるのでしょうか。**答えは、花の色と香りです。

白ければ月あかりで十分見えますから、夜咲きの花は白色が多いです。また熱帯の夜に咲く花は、強い芳香を放ち、生き物たちを引き寄せます。

たとえば、レンブという実をつけるローズアップルの花は、熱帯から亜熱帯にかけて自生するフトモモ科の花です。夜咲きで強い芳香を放ち、香りは隣近所にも及ぶそうです。

1 開いたり、閉じたりする花の秘密

16世紀、オスマントルコ帝国では花の栽培が盛んに行なわれ、とりわけチューリップの品種改良が盛んだった。このチューリップ熱はヨーロッパにも伝わり、そのときトルコ語でターバンを意味するチュルバン（ツリバン）という言葉が花の名前として誤って伝えられ、チューリップという名になったといわれる。しかし、花が満開しない姿はターバンそっくりだ。

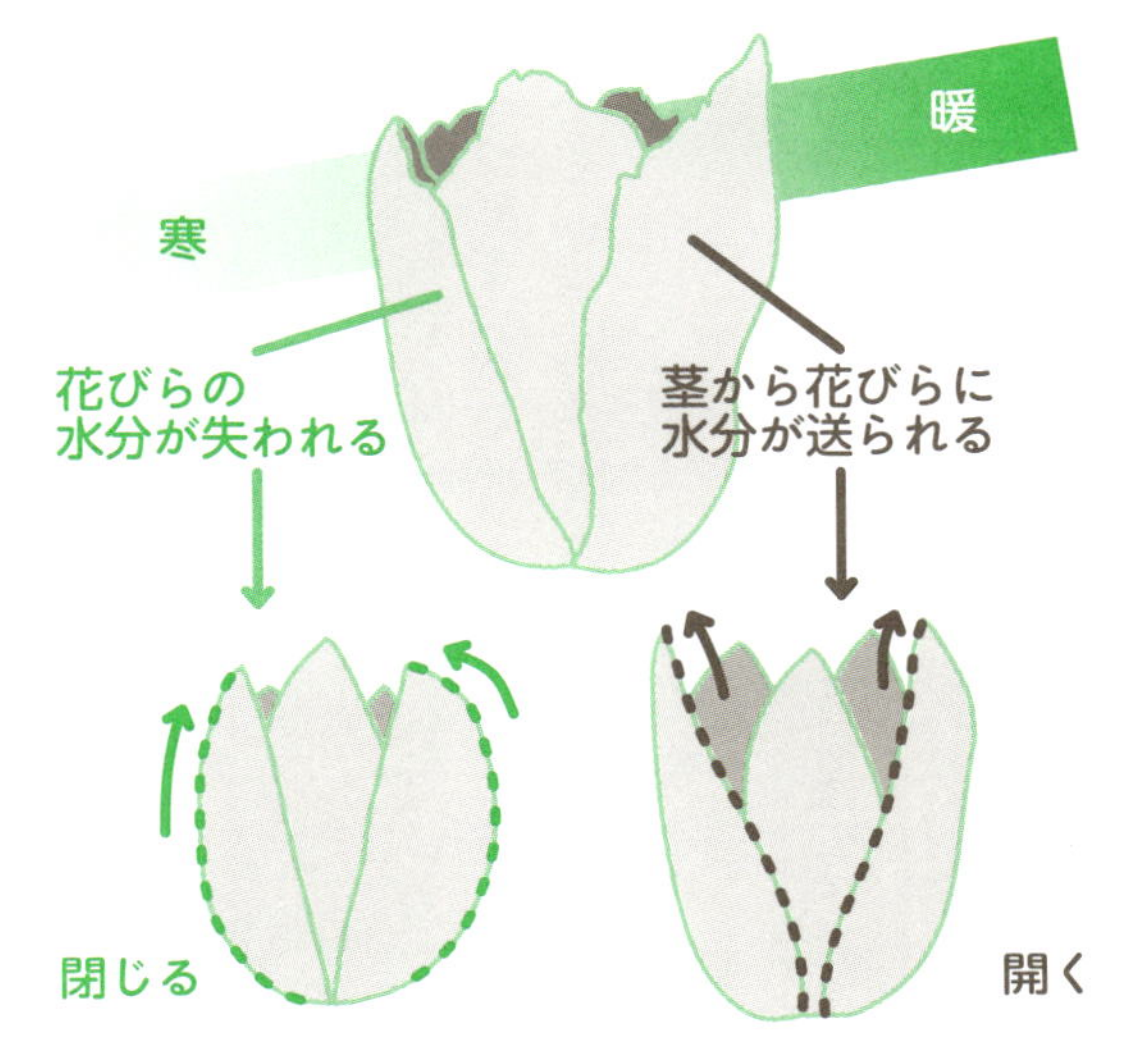

10℃前後で花びらの細胞から水分が抜けて閉じる。20℃前後で花びらに水分が送られて、細胞が膨らんで開く。

2 昼に咲く花、夜に咲く花

昼間咲く花には、チョウなど昼間活動している昆虫などがやってくる。昼間の花がカラフルなのは、昆虫を呼び寄せて、受粉を成功させるため。

夜に咲くカラスウリのような花には、夜活動する昆虫のスズメガがやってくる。夜咲く花の多くが白いのは、月の光などで目立つようにするため。

この見た目がすごい

開閉する花はまだ若くて花びらの成長が止まっていない花。咲きっぱなしの花は成長が止まった老いた花。花の開閉にはまだ謎が多い。

Q モンステラの葉はなぜ割れている？

A 切れ込みはアポトーシス（細胞死）の表れ

手がかからないため育てやすく、インテリアとして部屋のアクセントにもなるモンステラ（和名はホウライショウ）は、観葉植物やギフトとして人気があります。

ハワイでは、モンステラの葉の穴や切れ目を通る太陽の光を「希望の光」としていたという言い伝えがあるそうです。

モンステラの葉は成長過程で、穴が開いたり、深く裂けたりします。原産地のジャングルではスコールがあり、この一時的な豪雨によって葉が破壊されるのを防ぐために、穴や切れ込みができるといわれています。

では、どのようにしてあの特徴ある葉の切れ込みができるのでしょうか。モンステラにとって、葉全体が雨や風でちぎれることを避けるには、何らかのメカニズムであらかじめ葉のところどころに切れ込みを作っておけば被害を防ぐことができます。そのような仕組みはどこにあるのでしょうか。

このメカニズムは、葉が成長する過程で細胞レベルで働いていて、切れ込みは、一部の葉の細胞が死ぬことによってできるとされています。

このように葉が切れるのは、アポトーシス（プログラム細胞死）によるものです。これは、生物の体を作っている細胞が成長するときや死ぬときの様式のひとつです。アポトーシスは、体をより良い状態にしておくため、積極的に引き起こされています。

たとえば、細胞が癌化するなど異常な状態が起こると、そのほとんどは放置されず、アポトーシスで異常な細胞を抑制しようとします。

アポトーシスは、生物にとってこうした大切な役目を果たし、体全体が生き続けるための細胞の「自殺」ともいえます。

1 穴や切れ込みは成長の証

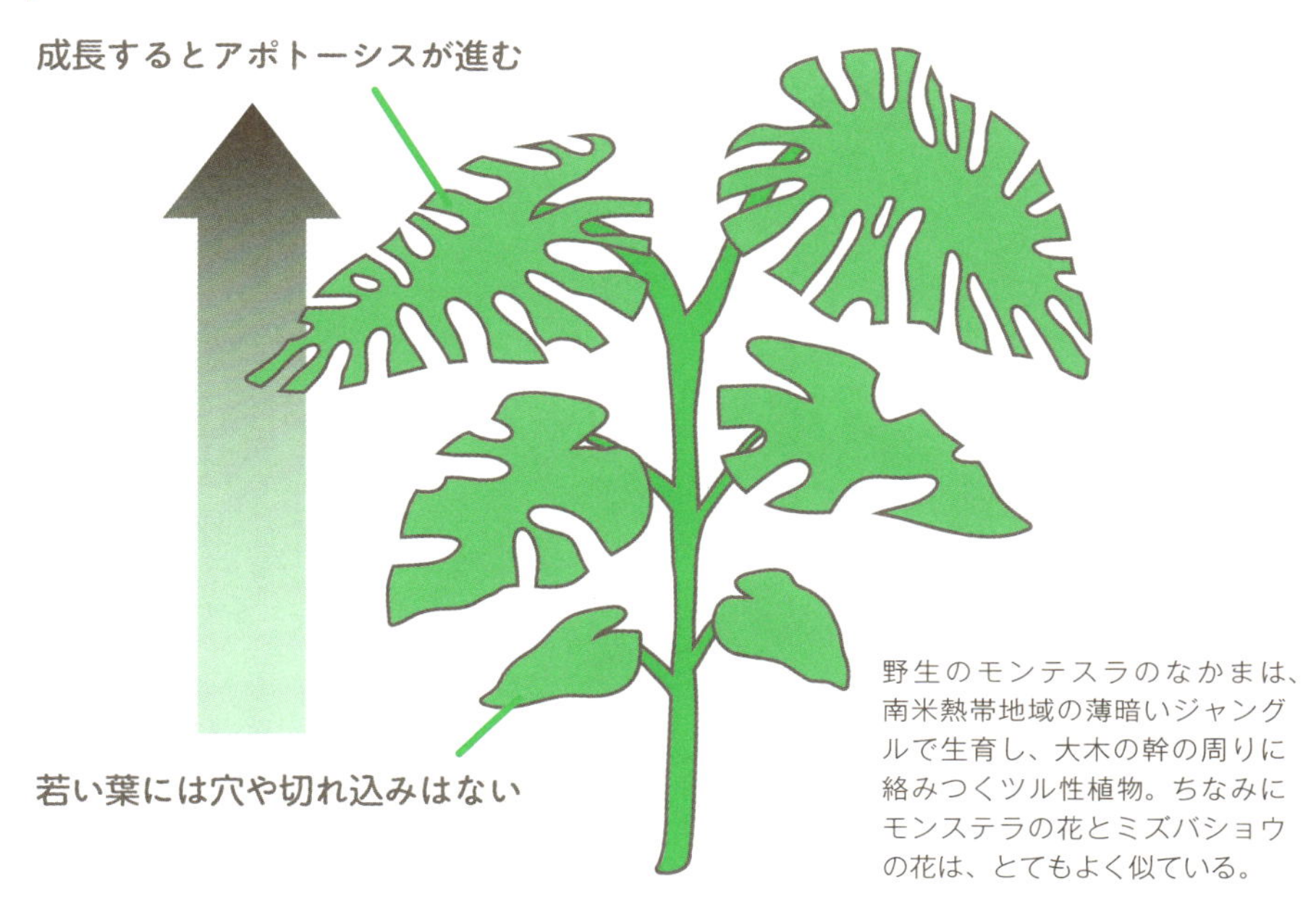

野生のモンテスラのなかまは、南米熱帯地域の薄暗いジャングルで生育し、大木の幹の周りに絡みつくツル性植物。ちなみにモンステラの花とミズバショウの花は、とてもよく似ている。

2 動物にみるアポトーシスの例

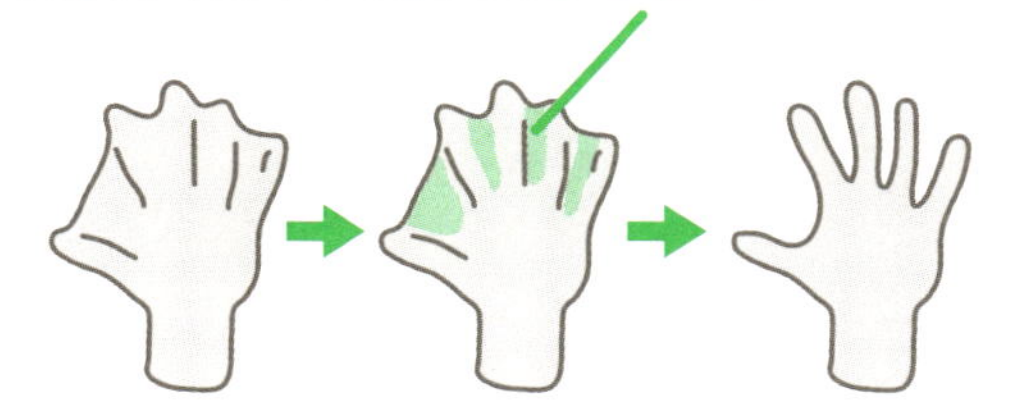

人間の胎児には水かきがあるが、成長するにつれなくなる。

オタマジャクシのしっぽがなくなるのもアポトーシス

動物が受精し、受精卵が細胞分裂を繰り返して成長する過程では、決まった時期に決まった場所でアポトーシスが起こり、生物の形態が変化していく。

この見た目がすごい

モンステラは常緑のツル性植物。大きく育つと花（白い仏炎苞と緑の肉穂花序）が開花する。果実はパイナップルとバナナを合わせたような味だという。

Q 植物と昆虫は、いつもギブアンドテイク？

A 食虫植物は、受粉するとき以外は、巧妙なワナでテイクするだけ

被子植物のほとんどは、花や香りで昆虫たちを招き寄せ、昆虫に花粉を運んでもらって受粉を成功させ、その報酬として蜜を与える、ギブアンドテイクの関係を保つことで子孫を増やしています。

ところがこの関係がときに成り立たない植物もかなりあります。世界中に５００〜６００種くらいあるとされている「食虫植物」のなかまです。

食虫植物も花を咲かせて受粉するので、そのときは虫を捕えません。しかしわなに近づくとつかまります。食虫植物は、ほかの植物のように、光合成で糖などの栄養分はつくれますが、窒素やリンなどの無機栄養素が不足している土地で生息しているので、それらがないと生きていくことはできません。農業や園芸などで、無機栄養素を含んだ肥料が使われるのは、このことが理由です。

食虫植物たちは、無機栄養素を昆虫の体から取り込むことによって補給しています。

食虫植物は、昆虫を捕らえる巧妙なわなをもっています。食虫植物のわなにはまった昆虫は、わなの中にある消化液などによって殺されて、無機栄養素を吸い取られます。

食虫植物にとって、捕虫はエネルギー補給が目的ではなく、昆虫から無機栄養素をしぼる営みです。

さまざまな食虫植物は、さまざまなわなを備えています。わなの入り口には、たいてい蜜腺や甘い香りの粘液などがありますから、昆虫はそこを目指してやってきます。最初はちょっと蜜をなめているのですが、そのうち足場がすべりやすくなっている部分などに移動します。すると、わなの奥にすべり落ちるなどして、一巻の終わりです。

このわなは、葉や茎が変形してできている、いわば「究極の捕虫網」なのです。

1 フタのあるわなをもつサラセニア

サラセニア・フラバ（和名：キバナヘイシソウ）という食虫植物。一本ざしの花瓶のように、葉が筒状になった捕虫嚢は背が高く、ときには100cmを超える。

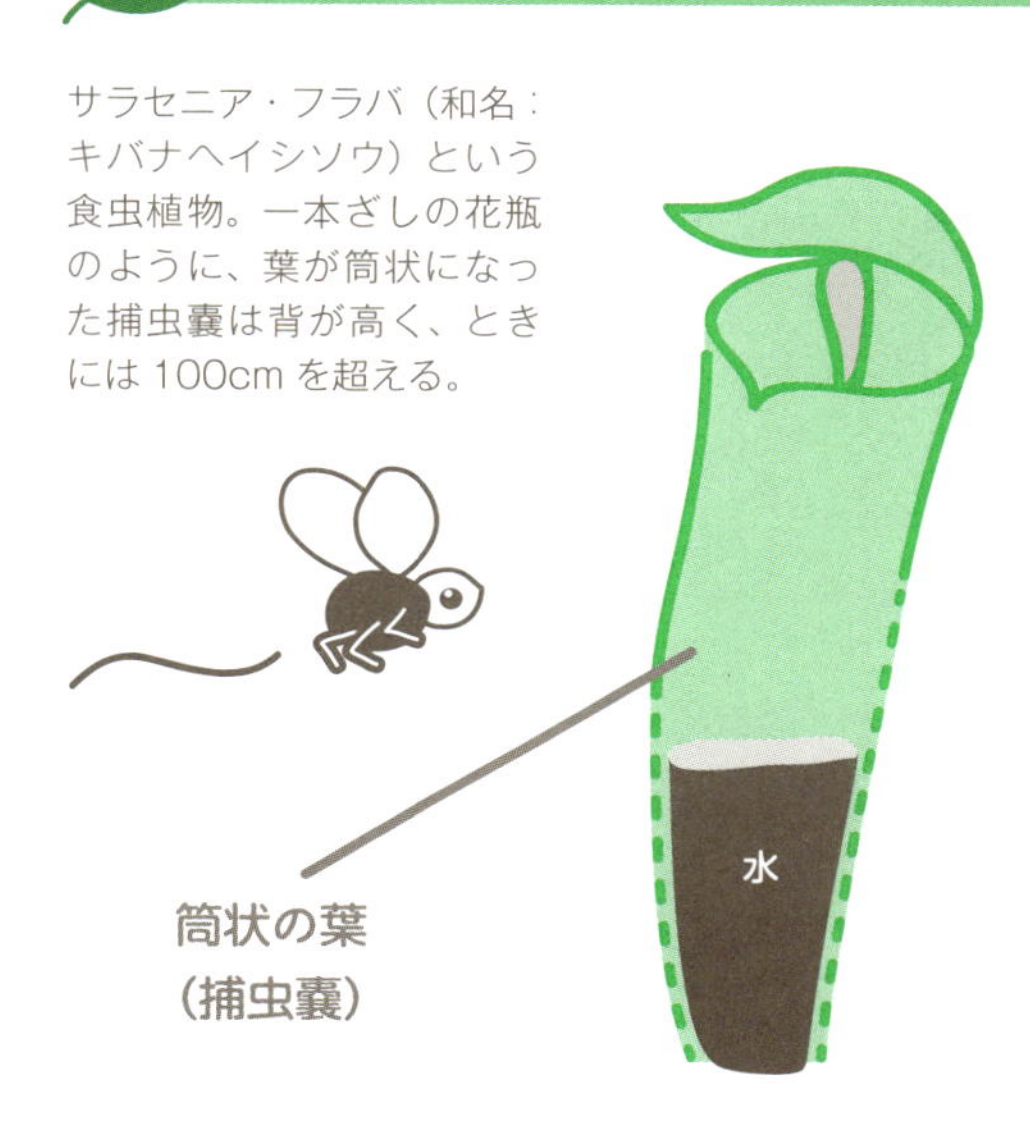

捕虫嚢に水を少しため、虫の落とし穴を作る。

水がいっぱいになると倒れてこぼしてしまうが、再び立ち上がり、水を少しだけためて、虫がわなに落ちておぼれ死ぬのを待つ。

形が面白く、育てやすいこともあり、園芸用の品種も数多く存在する。日本の気候でも大きく生育する。

2 ハエトリグサの瞬間技

感覚毛にふれると、水分が移動して葉が閉じる

ハエトリグサのわなには、葉の縁にトゲが何本もある。トゲの間にあるわなの縁には甘い蜜があり、そこに入った昆虫が蜜を求めてうろうろすると、わなの葉がいきなり閉じて捕虫される。葉は0.5秒ほどで閉じるという。トゲはがっちり組み合わさって、中の昆虫は逃げられなくなる。

この見た目がすごい

食虫植物は、植物にとって絶対的に必要な窒素やリンなどが不足している土地で生きている。それを補うのが昆虫だ。そのため、葉や茎を変化させて捕虫する巧妙なわなを進化させた。

Q なぜ、どんぐりは形の違うものがあるの？

A さまざまな木がどんぐりを落としている

どんぐりには、その花の子房を囲むように支えている葉の変形した苞葉がたくさん集まり、それらがくっついて乾燥した「はかま」あるいは「帽子（ぼうし）」とよばれる殻斗（かくと）がついています。

殻斗を帽子に見立てると、小さな人形の丸顔、小さな人形の細面の顔のように見えます。これは、どんぐりを実らせる樹木は一種類ではないことを示しています。

じつは「どんぐりの木」という樹木は、存在しません。「どんぐり」とは、森や林をつくるクヌギなど、ブナ科の樹木がつける実です。ほかにナラ、カシ、カシワなどの実もどんぐりといいます。ちなみに、クリはブナ科（クリ属）の樹木の果実ですから、どんぐりのなかまです。ブナ科（シイ属）の常緑広葉樹スダジイの果実もどんぐりのなかまです。

縄文時代の人々はどんぐりを食べていたことが遺跡調査から判明しています。さらに、大正から昭和にかけて、飢饉や食糧難などによって、米などの食料が入手困難な時代や稲作がほとんどできない地域では、貴重な食糧源として利用されていたといわれています。

どんぐりは種子ではなく果実で、種子はかたい殻の中にあります。食料として使われていた理由は、種子の中はでんぷん質が豊富だったからです。もちろん小動物たちもどんぐりを食べます。

たとえばネズミやリス、鳥のカケスなどのなかまは、地中に埋めたりなどして、貯めこんでおいて、あとから取り出して食べるといわれます。

しかし、リスの場合は、あちこちの場所に埋めるので忘れてしまったり、食べ残したりすることも多く、そこで残ったどんぐりのうち、運のよいものが新しいどんぐりの木となります。

どんぐりは小動物の貯蔵食

「どんぐりの木」は存在しない。「どんぐり」はブナ科の樹木が産する果実の総称。

形だけでなく、どんぐりの味やにおいも木によってさまざま。それぞれの実を好む鳥類やほ乳類たちが森を支えている。

森がいつまでも生い茂るには、動物たちの協力が欠かせない

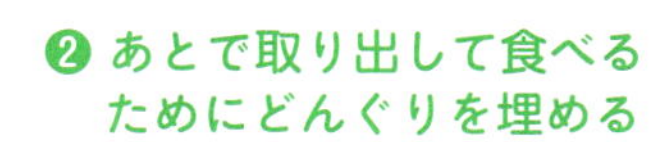

❷ あとで取り出して食べるためにどんぐりを埋める

❸ 食べ残したどんぐりが芽を出して木に育つ

この見た目がすごい

どんぐりは果実（堅果）であり、種子ではない。堅果は堅い皮でおおわれ、その中に渋皮でおおわれた種子が隠れている。

Q「動く遺伝子」はトウモロコシの色で発見？

A トウモロコシでノーベル賞を受賞した女性科学者

トウモロコシはイネ科のなかまで、イネ、ムギとともに世界の3大穀物のひとつです。トウモロコシの種類は数多く、実の色も黄や白、赤、紫、濃い紫などさまざまです。ふだん食べているトウモロコシは甘味種（スウィートコーン）という種類で、そのなかまはさまざまあり、その味もさまざまです。

トウモロコシを科学の発展のために研究したのは、アメリカの女性遺伝学者バーバラ・マクリントック（1902年〜1992年）です。20世紀初め、遺伝の研究はおもにショウジョウバエ（世代交代が早いハエのなかま）を使って行われていましたが、マクリントックは、トウモロコシを使っていました。しかも研究所の近くにトウモロコシ畑をつくり、その世話をしながら収穫して、小さな顕微鏡を用い、実に含まれている染色体（遺伝子の集まり）を観察し続けていました。

マクリントックは、トウモロコシの起源や遺伝に関するさまざまな発見をして、1945年には、アメリカの遺伝学会の会長に選ばれています。

その後も地道に研究を続け、1951年に大発見をします。それまで遺伝子は動かないというのが定説でしたが、彼女は**「動く遺伝子（トランスポゾン）」もあることをトウモロコシの染色体から発見したのです。**発表はしたものの、あまりに先進的過ぎて、ほとんど無視されてしまいます。

1953年に、ジェームズ・ワトソンとフランシス・クリックという若い研究者が遺伝子を作るDNAの構造を突きとめました。ここから遺伝子研究が分子レベルで急速に進み、マクリントックの大発見が1960年代に確認されました。そして1983年、**ついにマクリントックはノーベル生理学・医学賞に輝いたのです。**

トウモロコシに別の色の実が混ざるのはなぜか

斑入りのトウモロコシ

実の基本的な色に、ほかの色が混ざることを「斑入り」といい、その原因はトランスポゾンが働いた結果。品種改良によってできたグラスジェムコーンは、虹色トウモロコシともいわれ、1 本のトウモロコシの実の色が、赤、橙、緑、黄、菫、青、藍、濃い紫、白などの中から数種の色が現れる。ちなみに、トウモロコシの実の1つひとつは種子で、トウモロコシの「ひげ」はめしべだ。したがって、ひげの本数と実の個数は一致する。

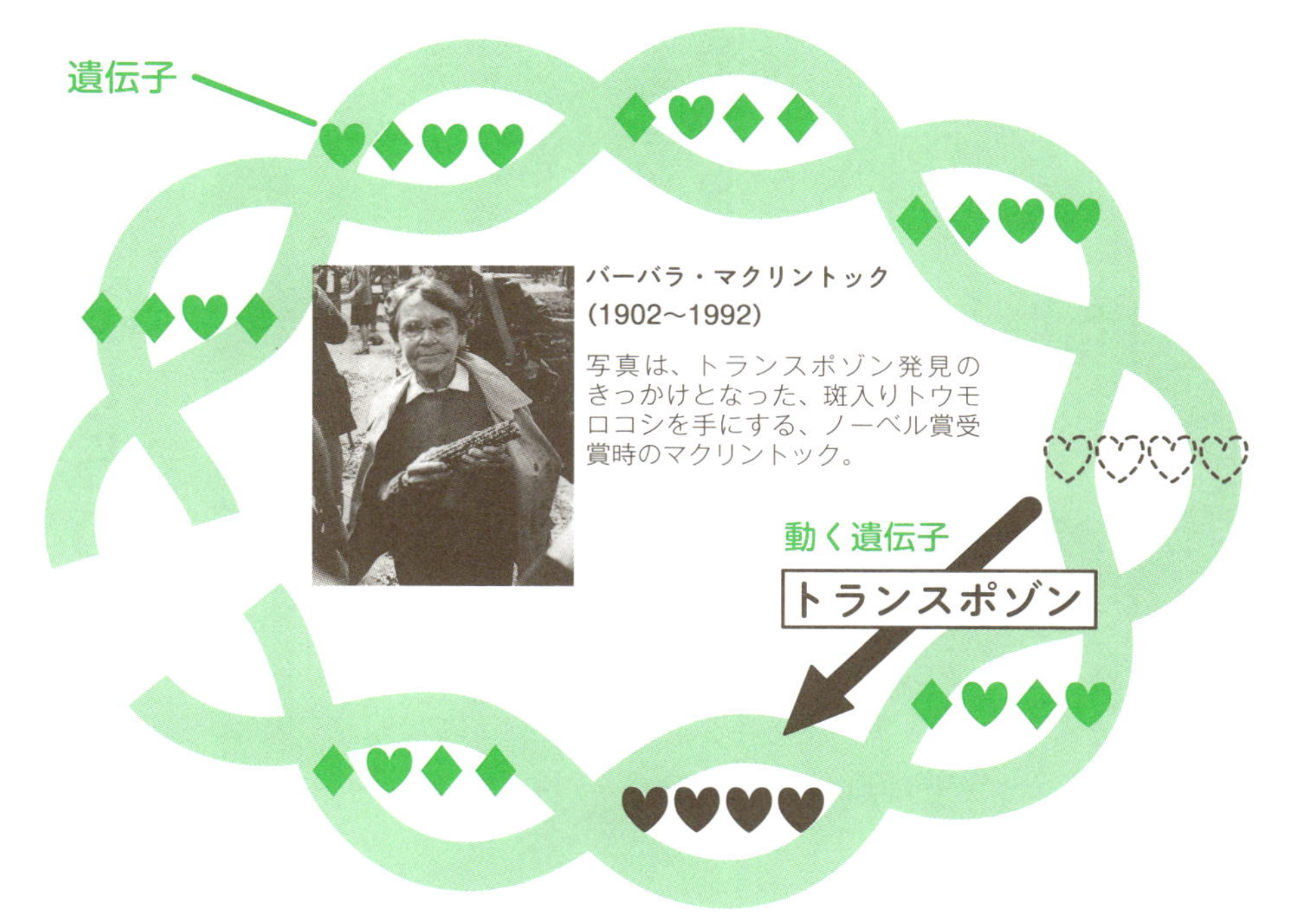

バーバラ・マクリントック
(1902〜1992)

写真は、トランスポゾン発見のきっかけとなった、斑入りトウモロコシを手にする、ノーベル賞受賞時のマクリントック。

この見た目がすごい

マクリントックの発見は、DNA の構造が発見される２年前だったので、誰も正しく評価できなかった。トウモロコシの色が世界を変えたのだ。

Q. 葉と花はどんな関係にあるのか？

A ゲーテの植物変態論が関係を明らかにしていた

植物の葉と花は、一見なんの関係もなさそうです。形も色も役割も異なります。葉は光合成をして栄養分を合成したり、二酸化炭素を吸って酸素を吐き出したりしています。花にはおしべとめしべがあり、種を作るため重要な役割をしています。

では、**葉と花はどういう関係にあるのか。それを突きとめたのが、意外なことに、18世紀ドイツの世界的大文豪ゲーテ**（1749年〜1832年）**です。**彼は小説や詩を創作する文学者であったと同時に、法律家、政治家としても活躍し、多方面の自然科学分野も研究した天才でした。小説『若きウェルテルの悩み』、詩劇『ファウスト』などは有名です。

万能の天才ともいえるゲーテの才能は、自然科学の分野でも、いかんなく発揮されました。

たとえば、当時ヒトにはないとされていた、上下の顎の骨の間の顎間骨（がっかんこつ）が、胎児のときには、一時的にあることを発見しています。ゲーテは骨の研究から、すべての骨格は、「元器官（げんきかん）」から生じるという思想を得ます。

この思想を植物学に応用して、『植物変態論』（1790年）を著し、すべての植物はひとつの「原植物」から生じてきたとしました。さらに、植物の花の花弁やおしべなどは、葉がさまざまな形に変化（メタモルフォーゼ）したものが集まってできた結果であるとしました。

花は葉がメタモルフォーゼして生まれたというゲーテの説は、現代の植物学でも正しいとされています。ゲーテは時代の200年も先をいく自然科学者でもあったのです。

またゲーテは、植物の観察や実験によって、その多様性に魅せられています。そこから「形態学」という学問を提唱しました。

ゲーテのいう「原植物」とは

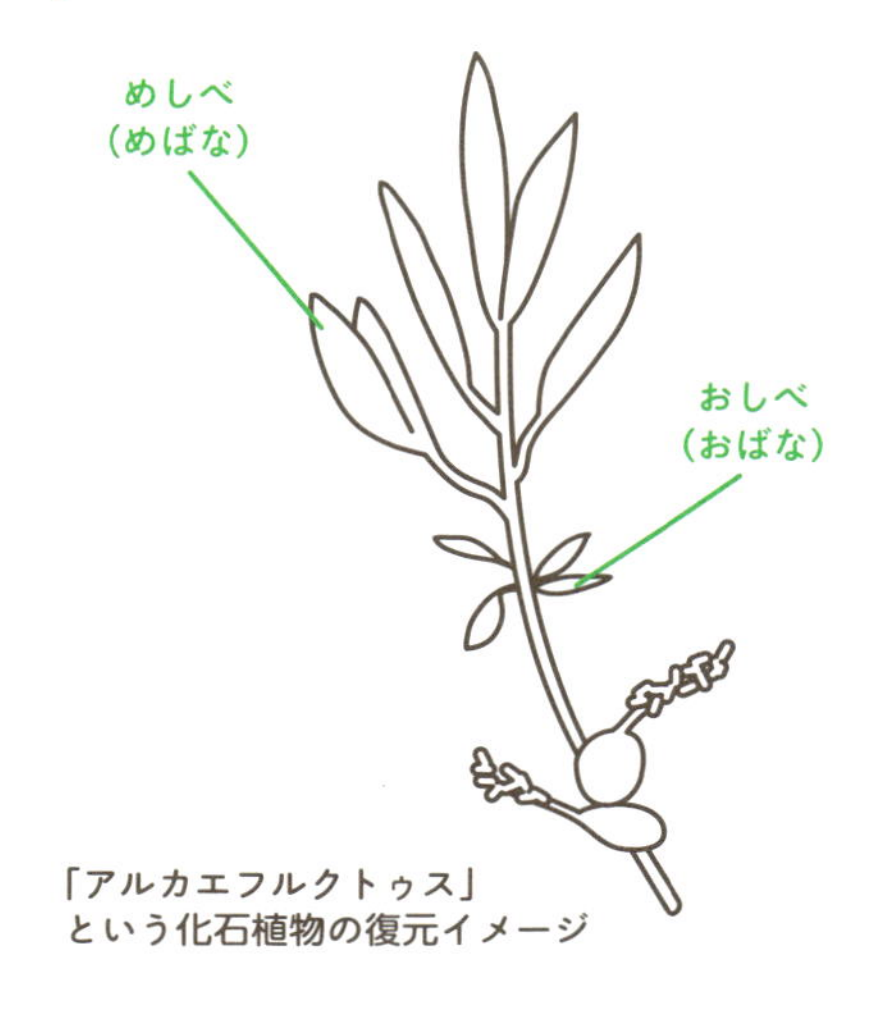

「アルカエフルクトゥス」
という化石植物の復元イメージ

被子植物が現れたのは、約2億年前なので、最初の花はその頃現れたことになる。2002年、中国の約1億2～3000万年前の地層から、花の化石が見つかり、「アルカエフルクトゥス（始祖の果実）」と名付けられた。最初、花と思われた部分は、花ではなく、めしべとおしべが茎に沿って縦に並んだものと考えられている。化石から復元した図を見ると、めしべ、おしべは葉にしか見えない。現代の植物学は花やめしべ、おしべは葉がもとになっていることを明らかにしているが、これはゲーテのいう「原植物」に近いかもしれない。

ゲーテ（1749～1832）

文学者としてのイメージが強いゲーテだが、科学者としても色彩論、形態学、生物学、地質学、自然哲学などの分野で活躍した。

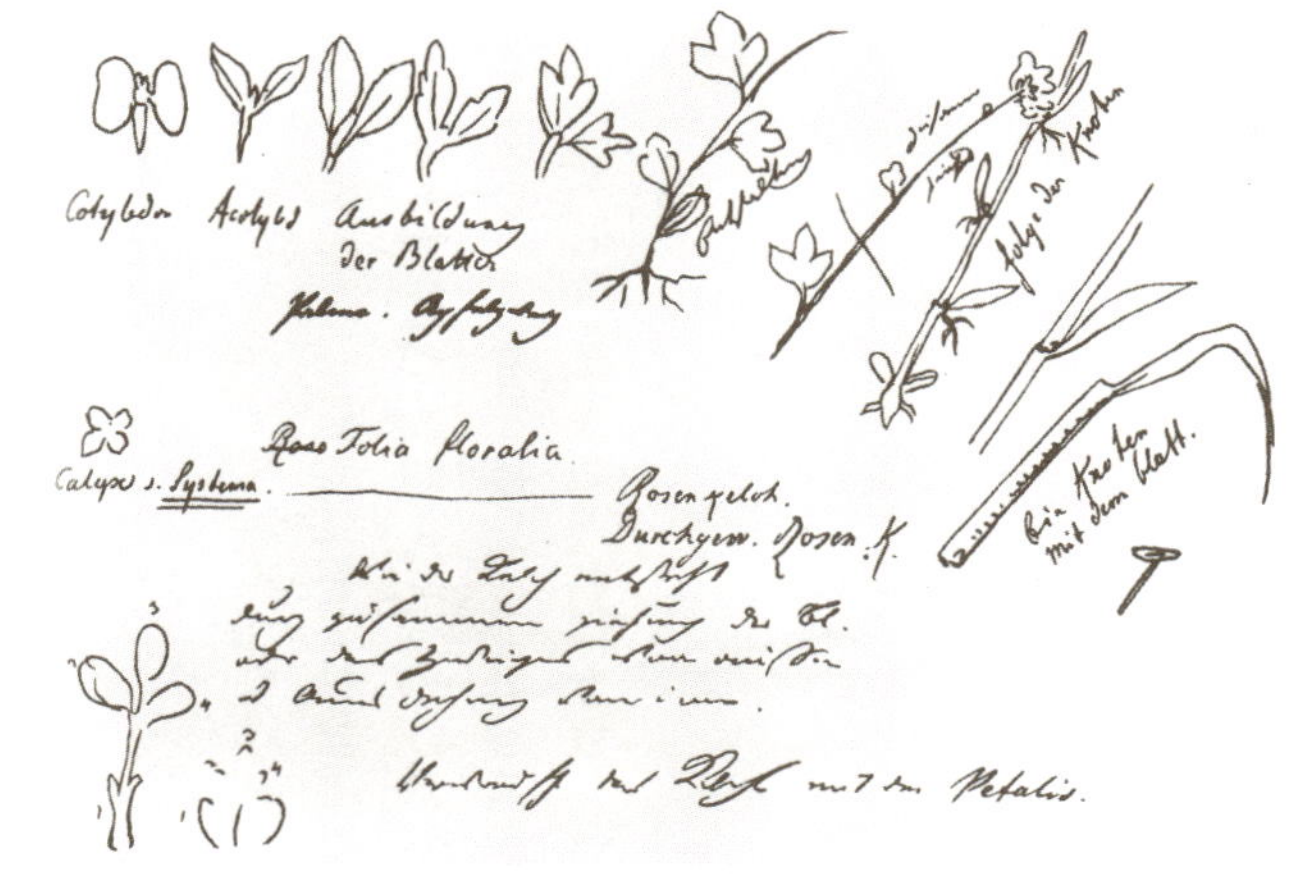

ゲーテが描いた、植物の成長のスケッチ。
印刷業者の都合でゲーテの原本に図は１枚も入らなかったという。

この見た目がすごい

ゲーテにとって植物の見た目、すなわち「形態」が重要だった。ゲーテから200年後、花の遺伝子を解析し、実験することにより、彼が正しかったことが証明された。

Q 花はどうやって発生するの？

A ABCモデルによって説明できる

ゲーテが解き明かした葉と花の関係は、200年後の1991年、モデル植物（動物でいうマウスのような実験用植物）のシロイヌナズナやキンギョソウのくわしい遺伝子解析から正しいことが確認されました。そして**花の発生を説明する「ABCモデル」が提唱されました。**

ABCのそれぞれは、Aはガクを発生させる遺伝子の集まり、BはAとともに働くと花弁を発生させ、Cとともに働くとおしべを発生させる遺伝子の集まり、Cはめしべを発生させる遺伝子の集まりです。このモデルで多くの植物の花の発生を説明できるとされています。

ゲーテの研究は、趣味や遊びではなく、真剣に生涯続けた研究でした。1790年に著された『植物変態論』で、ゲーテは、花の各器官は、葉がメタモルフォーゼを繰り返すことで発生すると述べています。ただし、花が発生するためには、茎や葉がしっかり成長している必要があります。さらにジベレリンという植物ホルモンの働きも必要とされています。

ABCモデルは本当に正しいのでしょうか。そのためには、**花の突然変異体において、A、B、Cのそれぞれが働いたり、働かなかったりしたときにどうなるかを検証し、それがABCモデルで説明できることを示さなければなりません。**

たとえば、Aの遺伝子に変異があると、CはAに機能を抑えられることなく強く働いて、めしべのみとなります。Bに変異があると、AとCの遺伝子だけ働くので、ガクとめしべだけができます。Cに変異があると、AとBだけが正常ですから、ガクと花弁だけができます。これら変異体のすべては、ABCモデルで説明できますから、花の発生を説明するABCモデルは、ほぼ正しいとされました。

1 ABCモデルによる花の発生のしかた

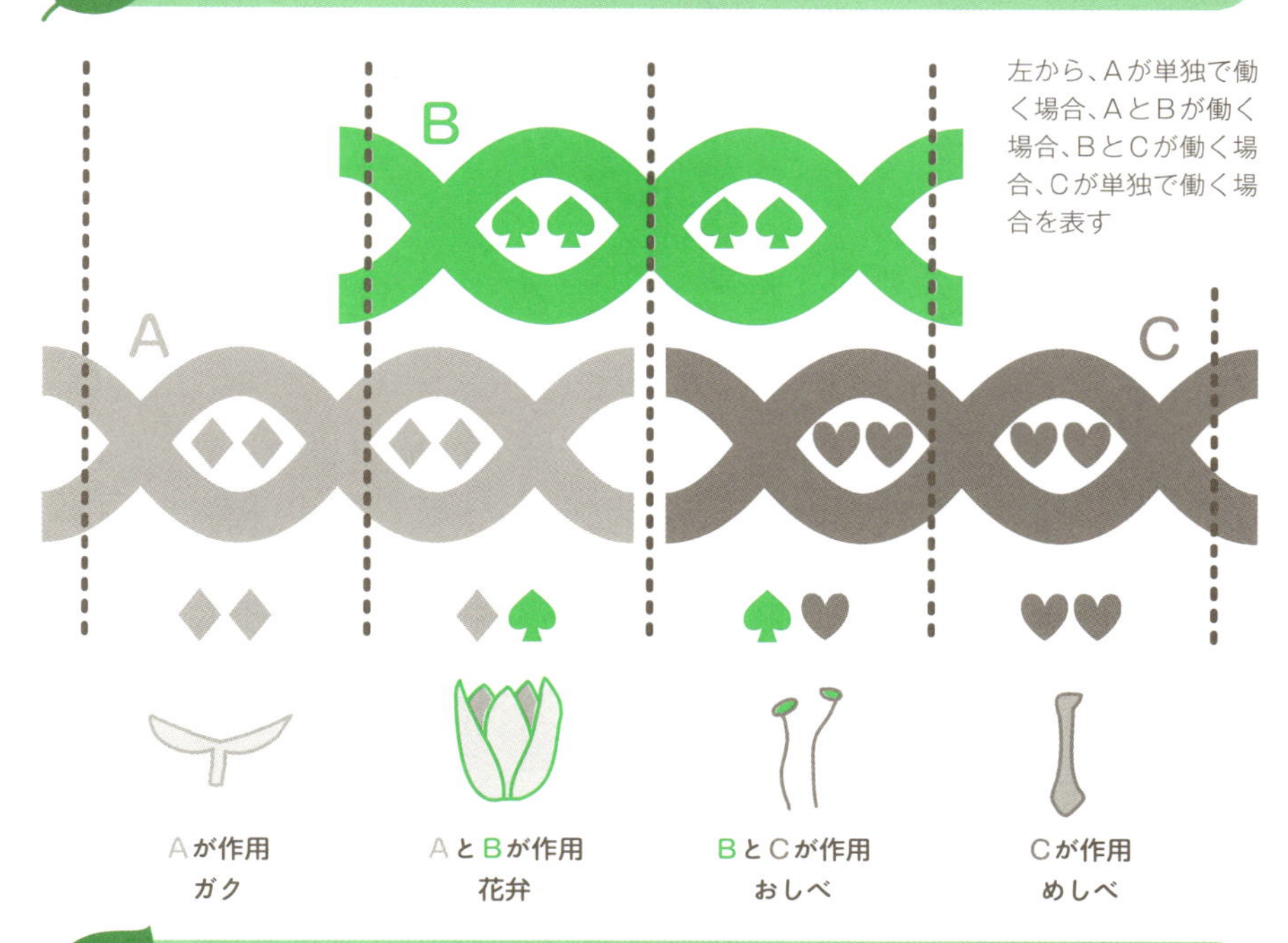

左から、Aが単独で働く場合、AとBが働く場合、BとCが働く場合、Cが単独で働く場合を表す

2 ABCモデルのきっかけとなったシロイヌナズナ

シロイヌナズナは、北アフリカ原産のアブラナ科の植物。帰化植物として、日本でも生育している。シロイヌナズナは、世代交代が早く、室内で簡単に栽培できるなど、植物学の研究材料として都合のいい性質を多くもっているので、植物生理学や遺伝子解析などでよく使われる。こういう科学研究の現場で使われる生物を「モデル生物」といい、シロイヌナズナは植物学の「モデル植物」だ。ABC モデルの発見は、シロイヌナズナの研究がきっかけとなった。ちなみにゲーテの説（85ページ参照）は、シロイヌナズナの遺伝子解析から正しいと確認された。

シロイヌナズナは、高さ 20 ～ 30 ㎝ほど。
直径 2 ～ 3 ㎜という小さな白い花を咲かせる

この見た目がすごい

花は、A、B、C 3つの遺伝子の集まりが正しく働くことによって、正常に咲く。どれかひとつが機能しないと、変異が起きる。ABC が 3つとも機能しないと、花全体は葉に先祖返りしてしまう。

Q なぜ春先に花粉症になるのか？

A 花粉の形はウィルスそっくりで、アレルゲンもあるから

花粉症はスギやヒノキなどの風媒花の植物の花粉が原因となることが多いです。風に頼った花粉の飛散は、植物の子孫繁栄戦略の原始的な方法です。

スギの学名は、クリプトメリア・ジャポニカで、「種子が花の苞（鱗片）に隠れているニホンスギ」という意味です。「隠された日本の財産」ともよばれ、日本固有の常緑針葉樹です。

屋久杉や秋田天然杉など、さまざまなよび方がありますが、種類が異なるのではなく、これらはその地域にちなんで名づけられた名前です。スギの大きな特徴は、病気に強く成長スピードも速いことです。そのため、住宅需要の増加によって、全国でスギが大量に植林されました。

林野庁によると、1960年、貿易自由化政策によって木材の輸入自由化が実施され、自給率は、2002年には約18％と過去最低となりました。

一方、定期的な伐採などがされないスギ林は、さまざまな問題を引き起こしてきました。その代表が「スギ花粉症」です。春先に大量にスギの花が咲き、風媒花のスギは、花粉が風によって遠くまで運ばれてしまい、1980年代以降「スギ花粉症」が増加してきました。

スギの花粉が体内に入るとアレルギー症状が起きます。これはスギ花粉に含まれる「アレルゲン」物質に対し、体内の免疫細胞が外敵と認識して追い出そうとするためで、苦しい症状となります。

スギ花粉は、大きさがウィルスとは違っても、形が似ている異物なので、免疫細胞が花粉を外敵と判断するのは当然かもしれません。しかし、たとえばインフルエンザウィルスは、体内に入ると数日でどんどん増殖しますが、体内に入った花粉は、ウィルスのように増殖はしません。

1 花粉症のメカニズム

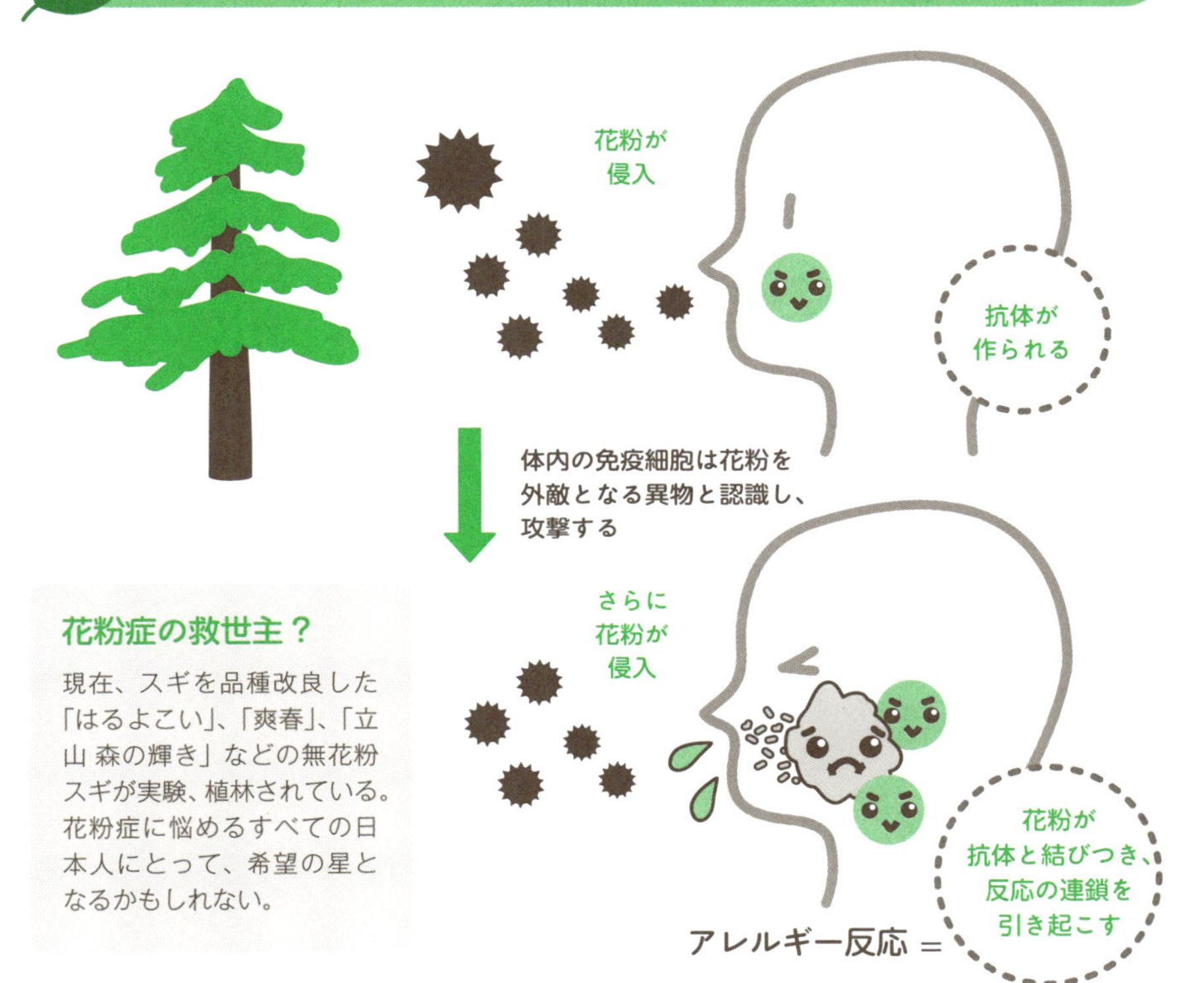

花粉症の救世主？

現在、スギを品種改良した「はるよこい」、「爽春」、「立山 森の輝き」などの無花粉スギが実験、植林されている。花粉症に悩めるすべての日本人にとって、希望の星となるかもしれない。

2 他人のそら似？ 花粉とウイルス

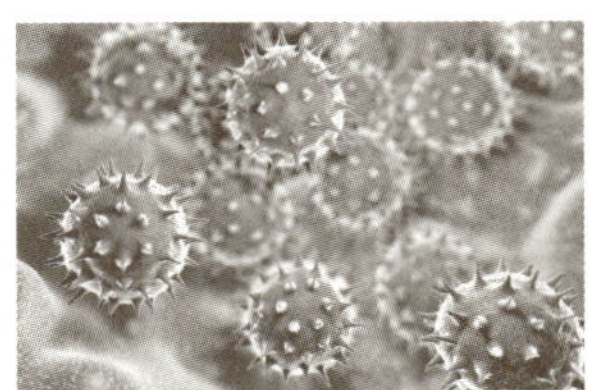

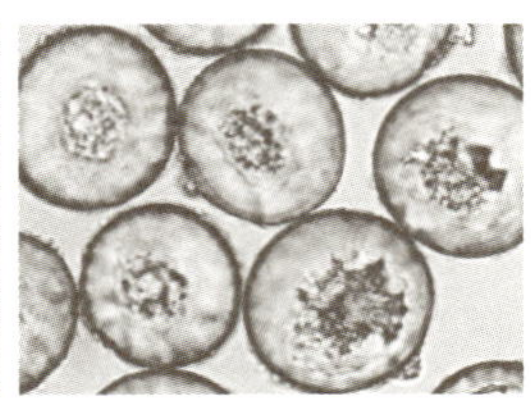

似ているといっても、大きさは違う。左のウィルスはおおよそ 1 万分の 1mm、右の花粉はおおよそ 100 分の 1mm と約 100 倍の差がある。ウィルスは DNA がどんどん変化するから、対応が難しい。

この見た目がすごい

花粉の電子顕微鏡写真をよく見ると、形はインフルエンザウイルスとそっくりだ。ウィルスは花粉の約 100 分の 1 と大きさは違うが、何らかの症状が出て人を苦しめるところは同じ。

COLUMN 4

決まった昆虫のために咲く、ダーウィンのラン

進化論を提唱したチャールズ・ダーウィン(1809年~1882年)は、田舎の自宅でさまざまな植物の観察と実験から植物学の先駆的な研究をした。

特にマダガスカル島から入手したアングレカム・セスキペダレの長さ20㎝以上におよぶ距(内部に蜜がある部分)を見て、これにふさわしい長さの口吻(蜜を吸う口)をもつ昆虫がいるに違いないと予測した。このことから、このランは「ダーウィンのラン」とよばれている。そして、ダーウィンの予言通り、見事40年後に長い口吻をもつキサントパンスズメガが見つかった。

アングレカム・セスキペダレ

長い口吻をもつキサントパンスズメガ

長さ約30cmの口吻をもつキサントパンスズメガがランのアングレカム・セスキペダレの距の奥にある蜜を求めに来る。そこで花粉がガに付着して受粉する。

4章

毎日がサバイバル 植物の「環境」活用法

Q ほかの植物を守る「植物のボディガード」とは？

A 一緒に植えて病害虫を防ぐ、コンパニオンプランツ

　農業や園芸でよくいわれることは、育てたい植物と、相性のいい植物を近くに一緒に植える（混植する）ことで、どちらも病害虫から守られ、成長を促進したり、収穫量を増やすなど、さまざまな効果が期待できるということです。

　こういう植物のことを「コンパニオンプランツ」といいます。コンパニオンプランツには、経験的に導かれたものが多いといわれています。野生では、さまざまな植物たちが一緒に生息しています。そこにコンパニオンプランツのヒントがあります。

　たとえば、水田の畦に、赤く美しいヒガンバナの花がずらっと咲いているところを見たことがないでしょうか。ヒガンバナは、リコリンというアルカロイド系の毒を含んでいて、ネズミやモグラはその毒を避けるため水田に入らないといいます。**ヒガンバナはコンパニオンプランツ、あるいはイネのボディガードなのです。また、ソラマメには、黒く小さなアブラムシが多くたかります。テントウムシやその幼虫を置くと、アブラムシを食べてくれます。**

　さらに、育てている作物畑の周囲を縁取るように植える、「バンカープランツ」とよばれる花があります。コスモス、ヒマワリ、ラベンダー、ローズマリー、マリーゴールドなど、美しい花を咲かせる植物です。これは作物の害虫をやっつける天敵の昆虫を近くに生息させたり、繁殖させたりするために植えられます。この花々も、作物のボディガードになります。

　ちょっと変わったコンパニオンプランツは、**トマトとニラの混植です。これは、連作障害を引き起こす病気を防ぐためです。**ニラにはアブラムシが寄生することがありますが、トマトには寄生しないので、トマトは無事に生育するといわれています。

1 植物が植物を守る

コンパニオンプランツの例

2 農家の知恵　ニラとトマトの混植

❶ ニラの根を植穴の底に敷く
❷ トマトを植える

効果

連作障害を防ぐ ＆
トマトに虫がつかない

野菜を生産するとき、「連作障害」が起こることがある。これは同一の野菜を同一の場所で続けて生産するときに発生することがある障害なので、生産者にとっては死活問題となりうる。連作をすると病気になりやすかったり、害虫が発生しやすくなるといわれている野菜も、組み合わせたコンパニオンプランツによって連作が可能になるものがある。

このサバイバル術がすごい!

植物同士が助け合う関係を利用するのが混植。コンパニオンプランツがその典型。長い経験から生まれた農家の知恵だ。

Q. 植物は厳しい環境にどのように耐えている？

A 自ら温室を作ったり、球根や種子が休眠して耐える

ヒマラヤ山脈の4000メートル以上の高山ツンドラ地帯は、夏も寒く、冬は極寒という厳しさです。ヒマラヤの高地には、高さが1〜2メートルにもなるレウムノビレ（和名はセイタカダイオウ）という植物が自生しています。種子を作る時期が近づくと、葉が半透明の苞葉に変化して、花序（小さな花の集まり）を覆い囲むように成長して大きくなります。

この苞(ほう)は、可視光線は通しますが、紫外線は通さないというすぐれものです。これがまさに花序を守る温室となります。ここから、**レウムノビレは、「温室植物」とよばれています。温室の中は外気温よりおよそ10℃以上も高くなっていて、その温かさを求めてハエたちがたくさんやってきます。**そこでハエによって受粉が行われ、種子がつくられます。

また、ヒマラヤには、「セーター植物」とよばれる、高さ20センチメートルほどの植物、ワタゲトウヒレンも自生しています。葉から綿毛が生え、花も葉も綿毛におおわれ、ボール状の毛糸玉のようになり、まるでセーターを着ているように見えます。毛玉の中は、外よりおよそ10℃以上も高く、花が咲き、頭部の小さな穴に小型のハエがやってきて、受粉するという仕組みです。

南アフリカにはナマクアランドという、年間降雨量がごく少ない世界屈指の乾燥地帯があります。乾季に植物は見当たりませんが、地面を掘ってみると、さまざまな植物の球根や種子が多数見つかります。

植物たちは、雨期がやってくるまで球根や種子の形で休眠しているのです。雨期になると、地中の植物たちはいっせいに芽吹きます。

こうして**ナマクアランドは、数多くの種類の花々がさまざまな色彩で咲き乱れる、広大な地上の楽園となります。**

1 標高4000メートルでもホカホカ

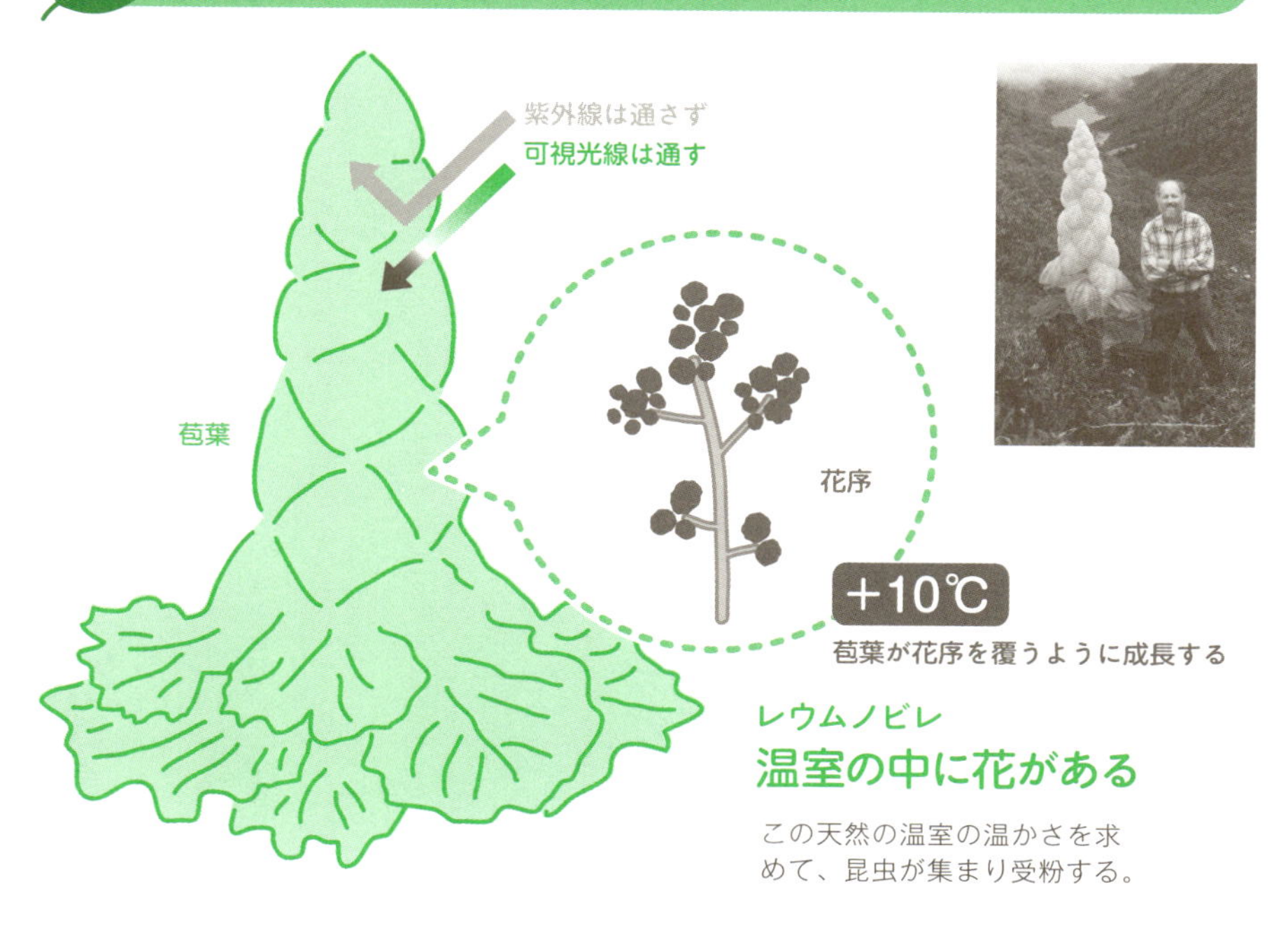

レウムノビレ

温室の中に花がある

この天然の温室の温かさを求めて、昆虫が集まり受粉する。

2 ヒマラヤが編んだセーター

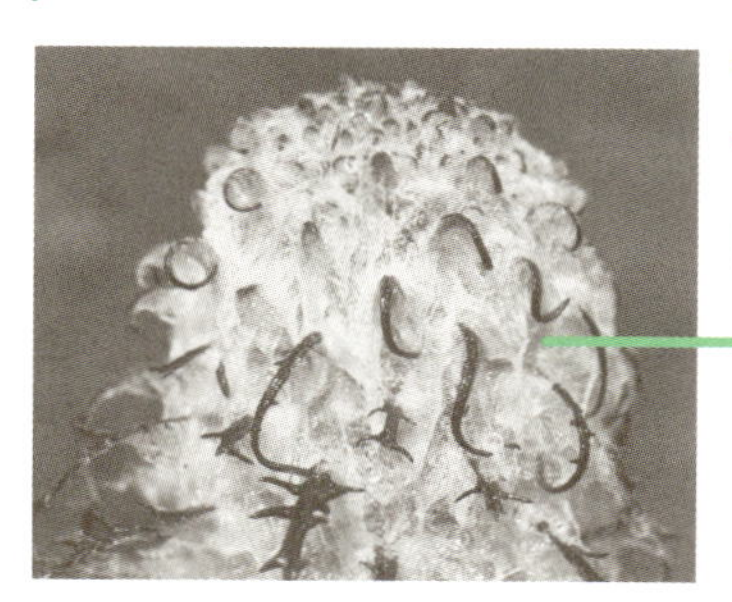

ワタゲトウヒレン

セーターの中に花がある

+10℃

葉から生えた白い毛

ヒマラヤには、「セーター植物」とよばれるワタゲトウヒレンも自生している。葉から綿毛が生え、花も葉も綿毛におおわれて、球形の毛糸玉のようになり、まるでセーターを着ているよう。

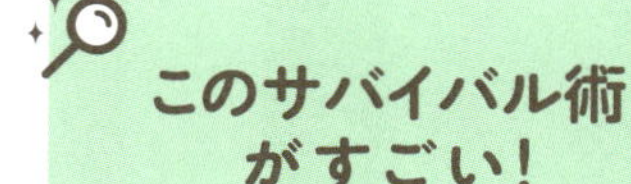

植物は厳しい環境に合わせた生き方をする。その表れが温室植物やセーター植物。また、年中乾燥している地帯などでは適度な雨が降るまで休眠する種子や球根があり、雨期が来るのを待つ。

Q どうやって天敵の攻撃から身を守る?

A アメとムチを使い分けるしたたかな戦術

植物は、暑さ寒さだけでなく、常に動物や害虫の脅威にもさらされています。動物や害虫も生きるため、植物をエサとして攻撃してきます。しかし、植物の側も、毒やトゲ、食べたらひどい味がすることなどで身を守っています。

たとえば、観賞用に家庭でもよく栽培されている**カルミア・ラティフォリアという美しい花には、ときに人を死なせるほどの猛毒があります。**

トリカブト、クレマチス、アネモネなどをはじめとするキンポウゲ科の花は、見た目はとても美しいのですが、アルカロイド系の毒をもつものが多くあります。もっとも、なかには漢方薬などの医薬品の原材料になる花もありますので、毒と薬は表裏の関係にあるともいえます。

また、大きなトゲをアリの住みかとして提供し、そのアリによってほかの昆虫の攻撃から身を守るアカシアは、アリを奴隷として飼いならして身を守ります(奴隷化については異論もあります)。**アカシアの樹液をなめたアリは、その樹液に対する依存症となり、結局、アカシアの奴隷となり、番人となります。**

身近な例では、ソメイヨシノなどバラ科のサクラ属の植物は、葉の基部に「花外蜜腺」とよばれる丸い突起があり、それを特定のアリになめさせます。アリは自分のテリトリーを守ろうとする習性がありますから、ほかの害虫はやってきません。

イネ科の植物の長い葉の縁には、目に見えない小さなナイフがずらっと並んでいます。動物がこの葉を食べようと引っ張ると、傷がついてしまうというワナです。さらに**イラクサは葉柄などに毒の入った注射針のようなトゲをもっています。**動物が葉を食べたら苦しむことになります。このように植物が身を守る手段は、じつにユニークで多彩です。

1　アカシアの樹液で、アリを番人に

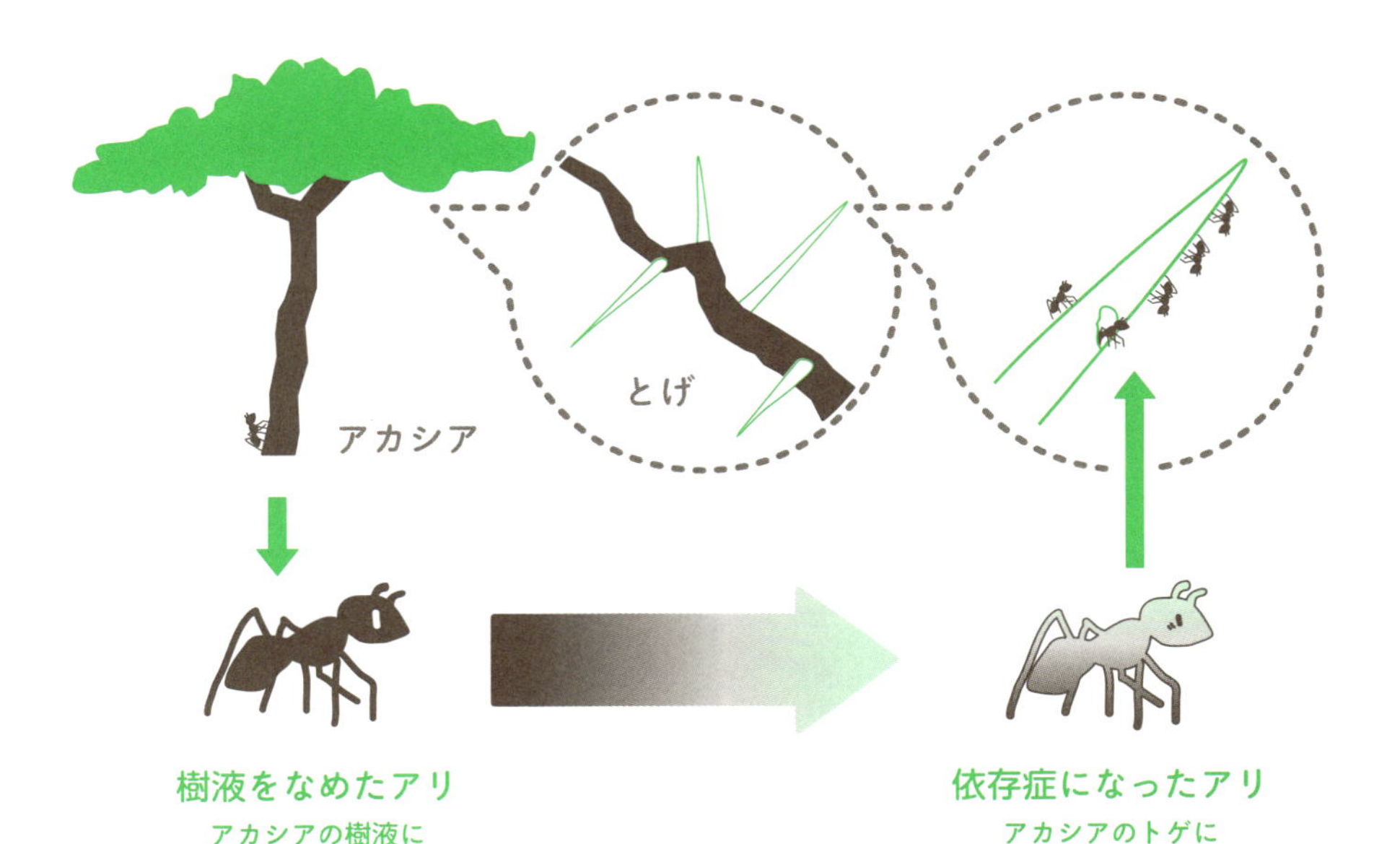

アカシアとアリのこうした関係は、一般には「共生」とよばれる。

2　おいしい葉にも、トゲがある

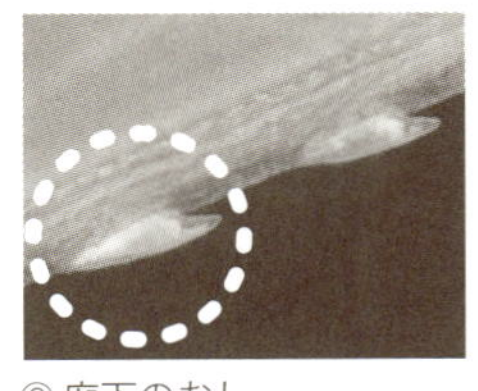

© 廊下のむし

（写真左）ススキの葉にはガラス質（ケイ素が成分）でできたナイフがある。食べようとして引っ張ると動物は傷ついてしまう。
（写真右）イラクサのトゲには毒針があるので動物は食べたら苦しむことに。

このサバイバル術がすごい！

植物は虫による食害の危険に、あの手この手で対応する。毒やトゲで身を守る植物は多い。アリを樹液で番人にしてトゲに住まわせる植物も。花外蜜腺のある植物は、アリ以外の虫から身を守る。

Q 地球を生命の星にした植物は？

A シアノバクテリアが起こした奇跡が生命の繁栄をもたらした

地球の誕生は46億年前、生命の誕生は38億年前と考えられています。最初の生命は栄養分が豊富な水たまり（当時の沼、海など）で生まれ、進化していきました。

当時の地球の大気は、二酸化炭素ばかりで酸素は1％もありませんでした。最初の単細胞生物は、酸素を必要としない細菌類でした。

そしておよそ27億年前に光合成をするシアノバクテリアという細菌が発生しました。無数のシアノバクテリアがつくる酸素は海を出て、徐々に大気中に拡散されました。こうして6億年前にはオゾン層が形成され、さらに4億年前には、大気中の酸素濃度は十分に高くなりました。

この間、海では藻類、甲殻類、魚類などの生物が大量に発生しています。光合成をする緑藻類のなかまは、陸上植物の直接の祖先となりました。

緑藻類がなんらかの環境的な原因で海に戻れなくなり、その一部が陸地に適応し、陸上植物の祖先になったと考えられています。

最初の植物が上陸すると（49ページ参照）、コケ植物、シダ植物、裸子植物、被子植物とだんだん高等植物へと進化しました。植物のあとを追うように、海から甲殻類や魚類も続々と上陸しました。甲殻類は昆虫へと進化し、魚類はやがて、両生類、爬虫類、哺乳類、鳥類へと進化しました。

植物と動物との関係は4億年以上前から始まりました。植物を追って海などから動物も上陸したからです。

最初の恐竜は、2億5000万年前の三畳紀に現れます。**そして1億6000万年前のジュラ紀の終わりに、花を咲かせる被子植物が誕生しました。**昆虫と被子植物の幸せな関係が始まったのです。

1 地球の酸素をつくったバクテリア

植物の上陸は、約5～4億年前。最古の植物は、高さ数センチメートルの植物だったとされている。

植物は、基本的に光と水と二酸化炭素があれば育つが、ヒトを含む動物は、植物が作り出す栄養物なしでは生きていけない。植物の祖先がつくった酸素は、生物を繁栄させた。

2 植物の誕生から上陸まで

葉緑体をもたない真核細胞にシアノバクテリアが取り込まれ、光合成をする真核細胞が生まれた。

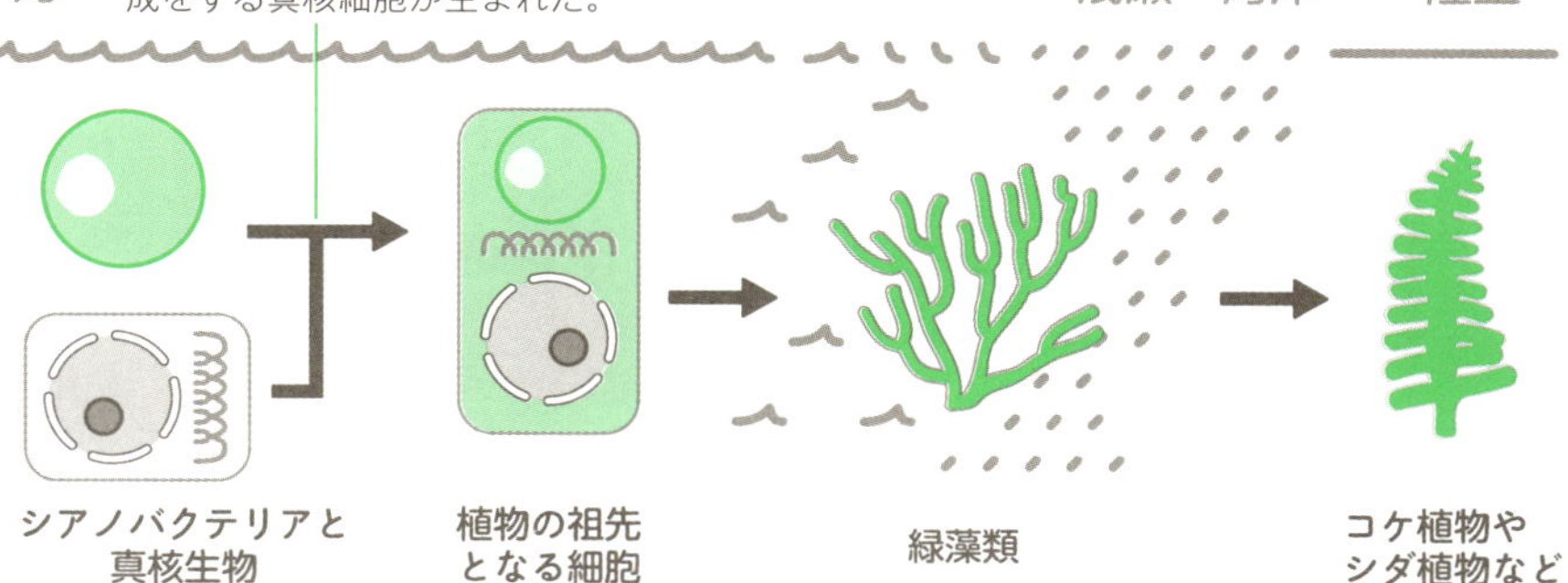

このサバイバル術がすごい!

植物の祖先は、酸素を生成し生物がどこにでも住めるような環境づくりを数十億年にわたり行ってきた。その結果、植物が陸上に進出し、次いで動物が進出した。

Q 最初の生命は動物？ それとも植物？

A 38億年前に生まれた最初の生命は動物的で植物的でもあったという説がある

生命は38億年以上前に始まったとされています。生命誕生の謎は、まだ完全には解かれていませんが、生命誕生は少なくとも一度起き、地球の生物はその子孫です。その理由は、あらゆる生物は初めから共通した遺伝情報を持っていたからとされています。

生命が生まれた以上、次の課題は生き続けることです。植物的生命は太陽の光と水、二酸化炭素があれば自分で有機物を作ることができますが、動物的生命は植物的生命が作った有機物で生きています。**植物など、有機物を作る生物を独立栄養生物、もらう生物を従属栄養生物（動物など）といいます。**

この関係は生命誕生直後からありました。単細胞微生物として始まった生命の共通の祖先探しは、従属栄養生命が先か、独立栄養生命が先かという論争に発展し、長い間決着しませんでした。どちらの説にも一理あると同時に、それぞれ議論される点がありました。

ところが２０１８年2月、日本の海洋研究開発機構の研究者などが中心となって、「混合栄養生命」が共通祖先だったと、アメリカの権威ある科学誌に発表しました。これは沖縄の深海にある熱水域で採取した始原的な微生物である細菌の分析からわかりました。

この細菌は自ら有機物を合成する独立栄養生物であり、従属栄養的に環境からも有機物を取り込み、エネルギーは水素から獲得する混合栄養生物だったのです。この点、エネルギーも有機物から獲得する動物などの従属栄養生物とは違います。

今回の研究で、生命の起源の謎に一歩近づいたのですが、そもそも生命は、無機物からどのように始まったのかという大きな謎がまだ立ちはだかっています。その答えは、いつ得られるのでしょうか。

1 ミドリムシは混合栄養生物か

植物プランクトンは、葉緑体をもち、自分では動けないが光合成を行う独立栄養生物。

動物プランクトンは、栄養をほかに頼り、自分で動き回る従属栄養生物。

このどちらでもなく、植物と動物の中間的な存在がミドリムシ（ユーグレナとも）だ。

鞭毛で運動し、葉緑体で光合成もする。ミドリムシは多くの種類があるとされるが、その中に混合栄養生物もいる。

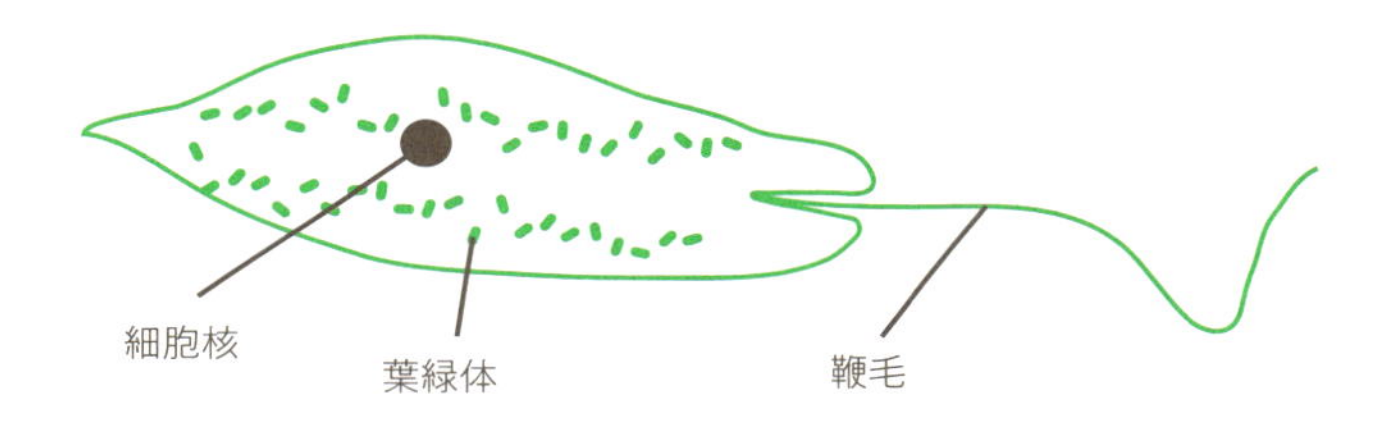

2 地球で最初の生命は従属栄養か独立栄養か

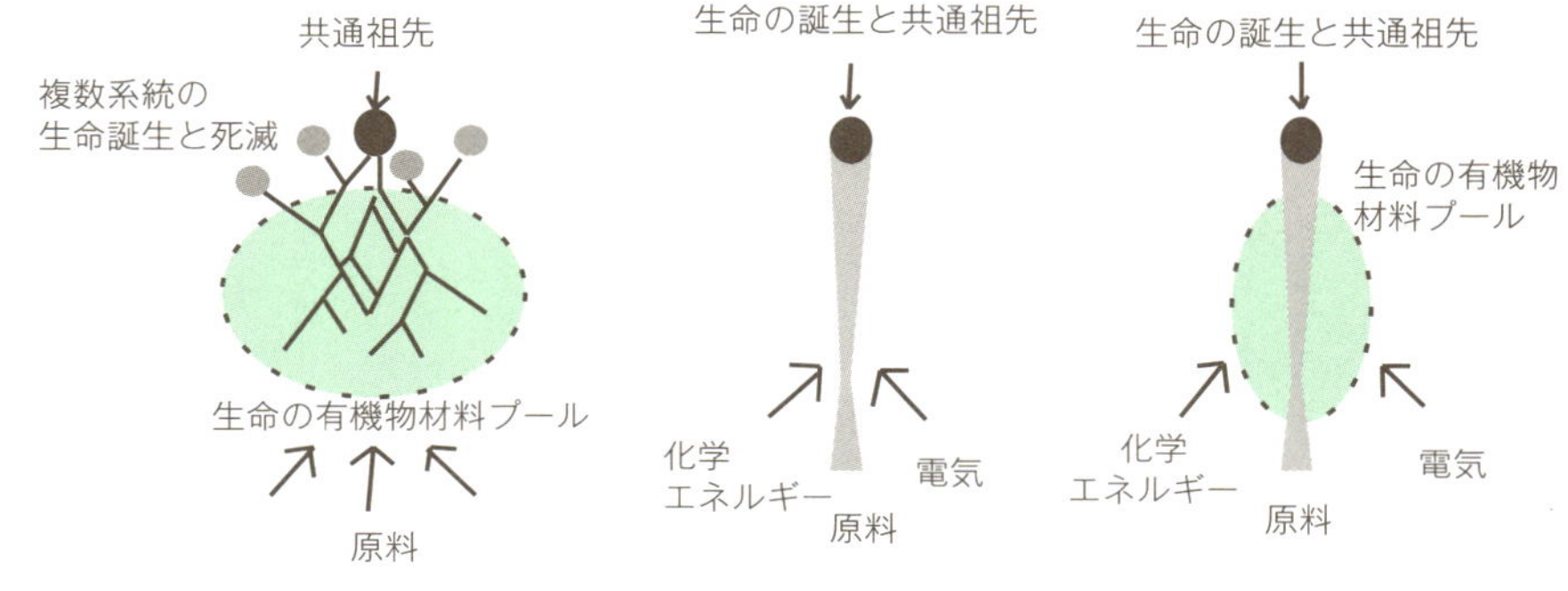

従属栄養生命起源説、独立栄養生命起源説はともに弱点があり、どちらが先か長い間決着しなかった。しかし、沖縄の深海で微生物が発見され、生命起源探求の決め手となった。この菌は環境から栄養を吸収し、一方で自分で栄養をつくることもできる混合栄養生物だった。この発見で従来説の弱点を克服する「混合栄養生命起源説」が有力となった。

「国立研究開発法人海洋研究開発機構（JAMSTEC）」などの共同研究による研究発表のプレスリリースをもとに作成

このサバイバル術がすごい！

植物は、自分で栄養を作ることができる独立栄養生物。ほかはほとんど植物に依存している従属栄養生物。最新の研究によれば、両方の特徴をもつ混合栄養生物が最初の生命かもしれないという。

Q 紫外線の攻撃をどうやってかわす？

A 花の色は伊達ではなく、紫外線によって生じる活性酸素を消す

太陽光に含まれている紫外線は、生物にとって有害な光線です。紫外線を吸収すると、体に活性酸素が発生し、これが悪さをするからです。

活性酸素とは、物質を酸化させる力が強く、人の場合、体内の有害物質などを除去する働きがありますが、増えすぎると正常な細胞を攻撃します。植物にとっても活性酸素は有害となるやっかいな存在です。

さまざまな色彩の花を咲かせる被子植物は、どうやって紫外線を防いでいるのでしょうか。その秘密のひとつは、花の色そのものにあります。無数にある花の色の元も、たった3種類の色素からできています。フラボノイド（アントシアニン：赤～青）、カロテノイド（黄）、ベタレイン（黄～紫）で、葉の緑となるのはクロロフィル（緑）です。じつは、**植物の色素は、花を飾って虫や鳥を呼び寄せるだけではありません。紫外線に当たって発生する活性酸素を抑制する活躍もしています。**

活性酸素は体の老化を速め、さまざまな病気の原因となります。植物にとって大切な種子は、活性酸素に無抵抗ですから、なんとか活性酸素を消す必要があります。

そこで**植物はビタミンCやビタミンEという抗酸化物質を合成して活性酸素を消します。また、抗酸化作用のある花の色素は、めしべの柱頭の奥にある種子のできるところである胚珠を紫外線から守ります。**植物はこうした合わせ技によって、有害な紫外線からできる抗酸化物質を消しているのです。

高山地帯のように、紫外線が平地よりずっと強い場所に育つ花は、色彩が鮮やかです。これは紫外線を避けるため、抗酸化作用のある色素をどんどん増やした結果と考えられています。

1 花の色の2つのはたらき

❶ 虫を呼び寄せる　❷ 活性酸素を消す

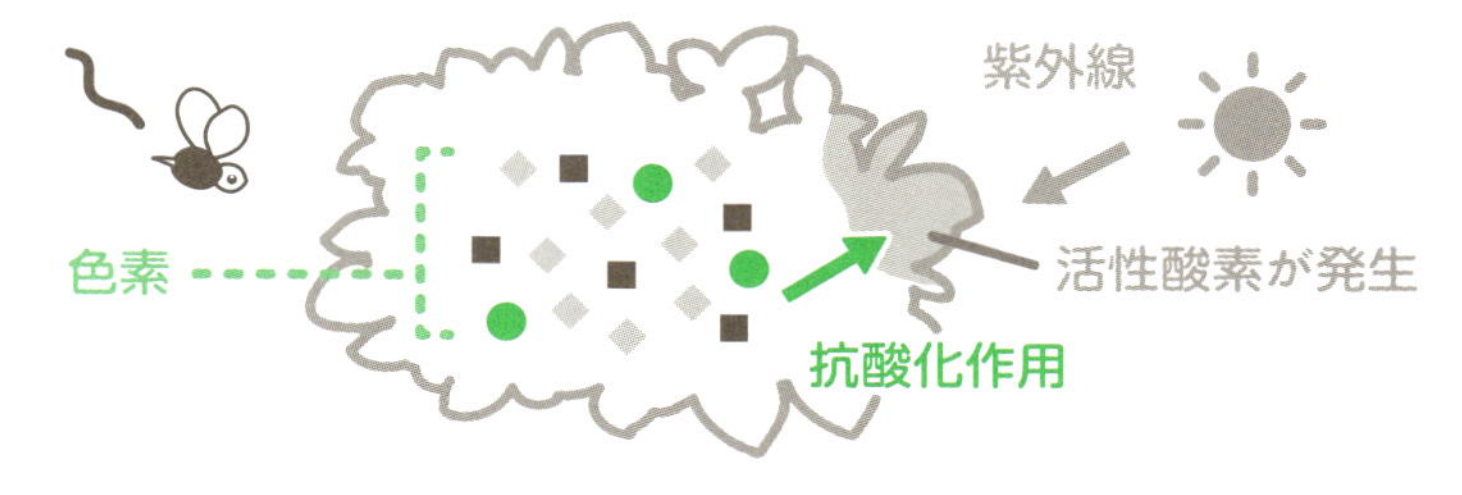

2 無数に思える花の色のおおもとは3つ

このサバイバル術がすごい！

屋内で育つ花より、屋外の花のほうが紫外線を直接受けるため、鮮やかになる。さらに紫外線の強い高山地帯で育つ花は、もっと鮮やかになる。

Q 帰化植物が大暴れするワケは？

A 強烈な生命力で悪魔に変貌することも

帰化植物の正確な意味は、単に国外から入った植物というだけでなく、野外でどんどん増えて生育している植物のことです。

帰化植物の身近な例は、セイヨウタンポポです。生命力がとても強く、どこかに芽が残っていれば、そこからどんどん増えます（60ページ参照）。今や**日本各地で見られるタンポポは、ニホンタンポポよりセイヨウタンポポのほうが多くなりました。**セイヨウタンポポは、ヨーロッパ原産の帰化植物で、キク科タンポポ属の多年草、つまり同じ株が数年にわたって咲き続ける花です。

環境省が指定している「要注意外来生物」で、日本生態学会発表の「日本の侵略的外来種ワースト100」のひとつに選定されています。海外から日本に持ち込まれたタンポポは無性生殖で増える3倍体です。ですからセイヨウタンポポは無性生殖によって、自分の力だけでどんどん増えていきます。

3倍体だから種子ができないと思ったら大間違いです。なんと、花粉に関係なく、自分だけで種子をつくる、すごい生命力の持ち主なのです。

またセイヨウタンポポは、葉が動物に食べられても、芽が残っていればそこからも増えます。その旺盛な繁殖力で全国に広まり、特に市街地に多く進出していますが、まだ在来種の勢力が強い地方もあります。このことから、セイヨウタンポポが多く咲いていれば、都市化が進んだ目安となるといわれています。そのため、街の中でタンポポを見たら、セイヨウタンポポがほとんど、ということになります。

帰化植物は、キク科がもっとも多く、ほかにセイタカアワダチソウ、チョウセンアサガオなども帰化植物の例です。逆に、日本のススキ、クズなどは、海外で帰化植物となって問題化しています。

1 カタチで見分けるタンポポ

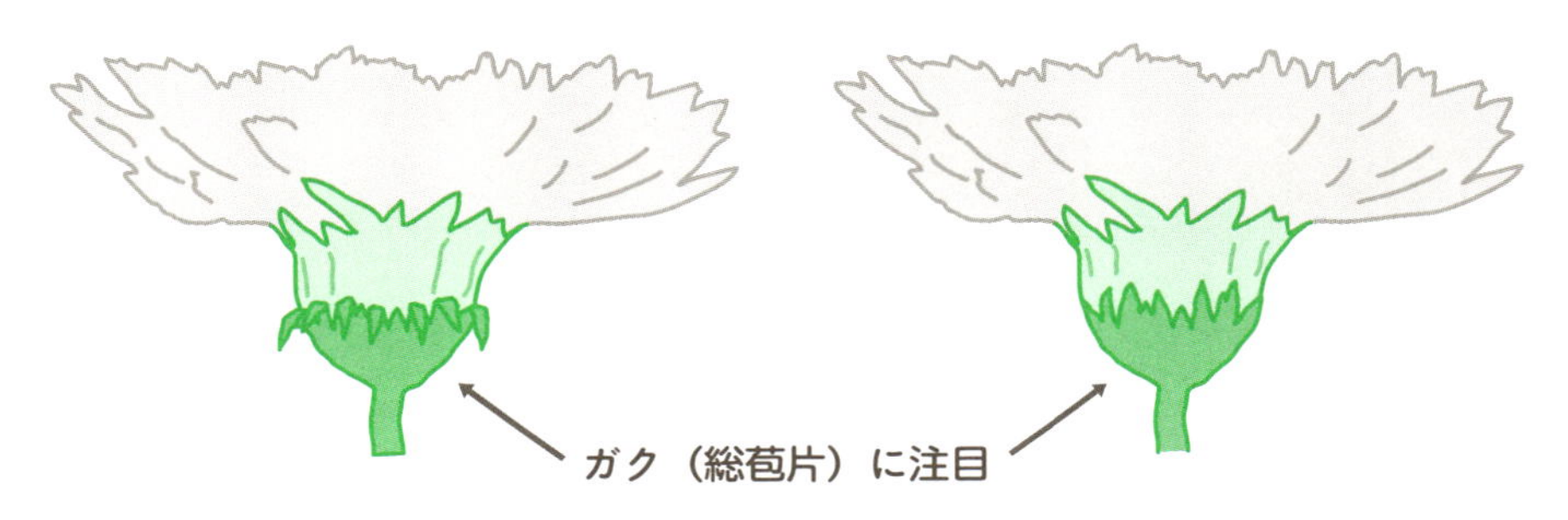

2 セイヨウタンポポが広まる理由

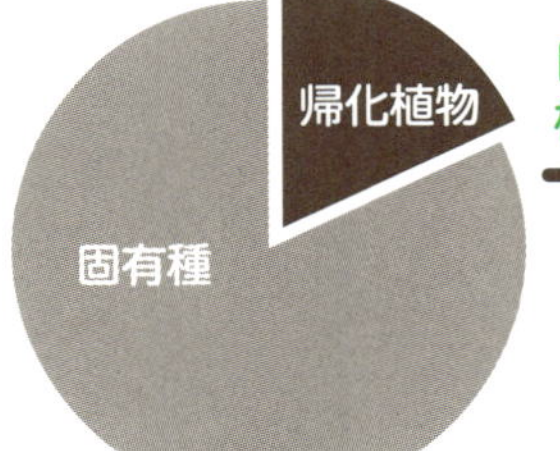

日本に生息する植物約6400種のうち**1200種**が帰化植物

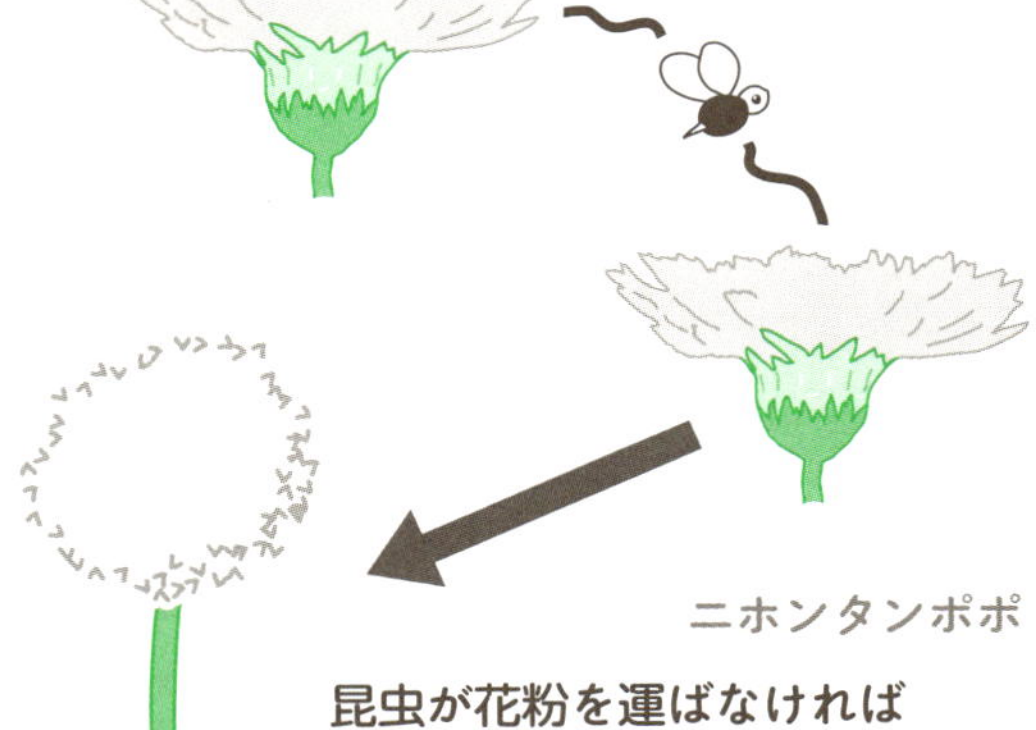

このサバイバル術がすごい！

身近で有名な帰化植物はクローバー（シロツメクサ）、クレソン、コスモスなど。要注意外来生物としてはセイヨウタンポポ、オオブタクサ、ハルジオンなど。

Q 植物はどうやってあちこちに子孫を増やす？

A 自力、もしくは自然や動物の力で増える

植物は移動できませんから、種子をどのようにして、なるべく遠くまで届けるかということが切実な問題となります。自分のテリトリーを広げることは、植物に限らず、多くの生物が繁栄していくために必要なことです。

植物の場合、大きく3つの方法があります。①風や水など、自然の力を利用する。②動物たちに種子を運んでもらう。③自分の力で種子を物理的に、遠くに弾き飛ばす。

ヤシの実は浮力で水に浮きます。水の力を利用して遠くの海岸へと流れつきます。ヤシの木が海岸近くに育つ理由はこれです。砂浜に実を落とせば、そのうち波が海に引き込んでくれるからです。

風の力を利用する植物の例として、砂ぼこりの舞うアメリカの乾燥した大地を転がって種子をばらまく**タンブルウィード（転がる草。いろいろな草がタンブルウィードとなる）があります。**タンブルウィードの枯れた茎には種子がたくさんついていて、その茎がたくさん丸く絡まって風でころころ転がりながら種子をばらまいていくのです。

動物に運んでもらう植物の代表例は、「ひっつき虫」とよばれるオナモミの実でしょう。草深い藪を歩いていると、ズボンなどに植物の実がたくさんつくことがあり、それを払い落とすのは一苦労です。衣服だけでなく、動物の毛にもくっつきます。

ほかに、果実を食べてもらい、種子を口から吐き出してもらうか、後でどこかで排便してもらう方法をとる植物もあります。

このほかにも、**実がはじける力で種子を飛ばすホウセンカや、風がなくてもグライダーのような種子が遠くまで滑空するアルソミトラ**のように、自力で種を運ぶ植物もあります。

種の大冒険！

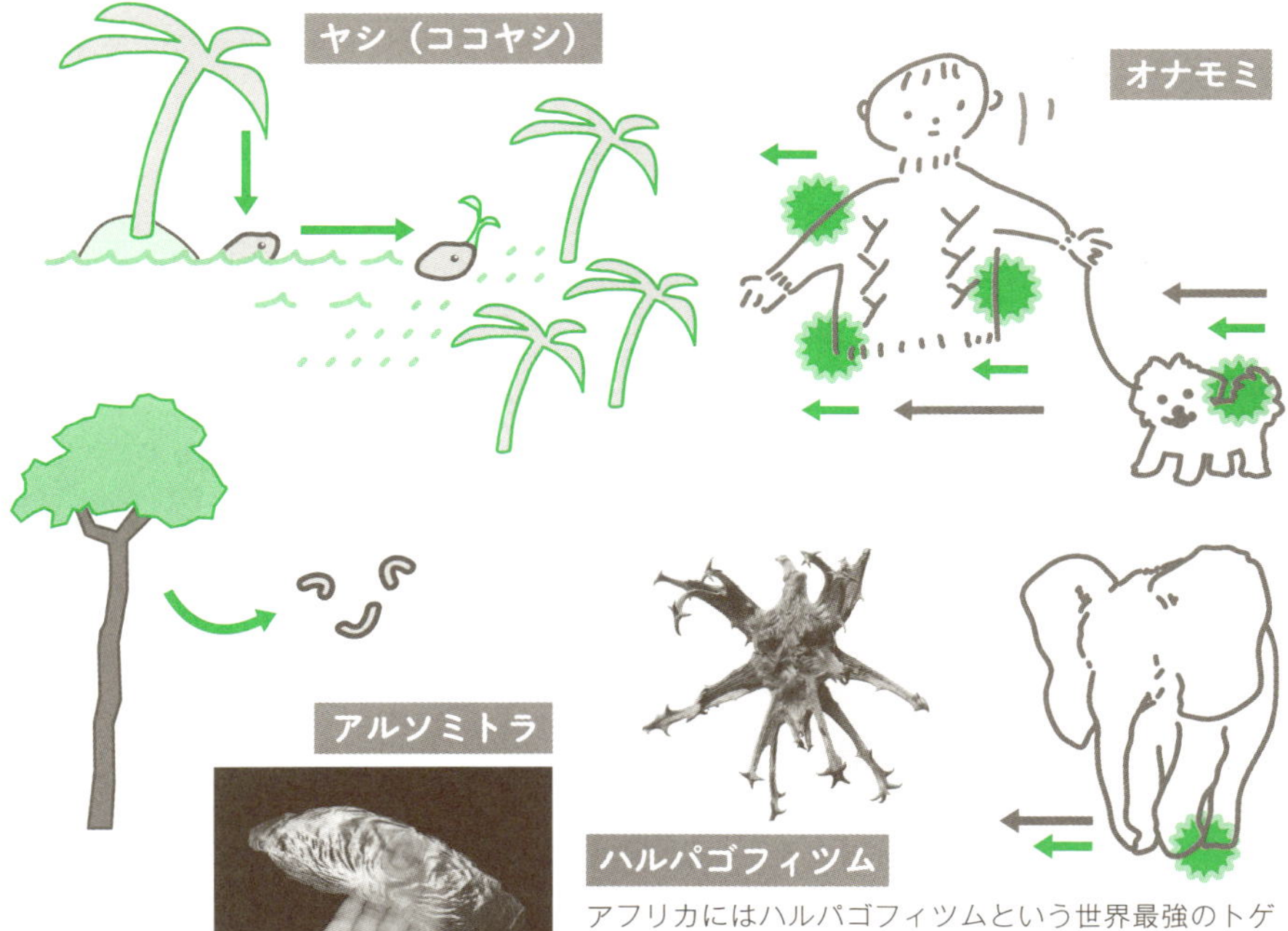

果実は木の高いところにできる。果実が割れると、そこから種が1枚また1枚と、遠くの地上へと滑空していく。

アフリカにはハルパゴフィツムという世界最強のトゲをもつツル植物がある。種子はトゲに囲まれた中心部分の硬い殻の中に。ゾウやサイなどの大型動物がこのトゲを踏んだら、もう抜くことはできない。かまわずに歩くうちにトゲの中心がむき出しとなり、殻が地面に落ちて種子がばらまかれていく。

❸自分の力で種子を飛ばす

ホウセンカ

実がはじけると、バネのように物理的な力で種子を弾き飛ばす。

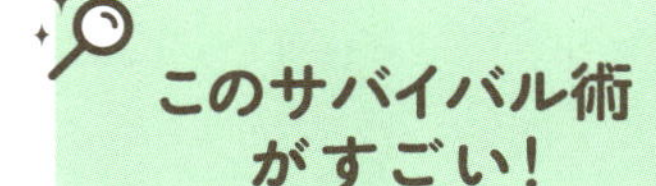

動物に食べられ糞として散布、水に流されて運ばれる、種子をたくさん含んだ枯れた茎が丸まって、乾燥地帯を吹き渡る風で回転しながら散布するなど、種子の広がり方は巧妙で多彩だ。

Q 水を木のてっぺんまで吸い上げる方法は？

A 4つの「フォース」を使えば、高さ100mなんて軽い

数十mという背の高い樹木を眺めていると、不思議な思いに駆られます。

「ポンプもないのに、水はどうやっててっぺんまで運ばれているのだろう？」

水が届いていなければ、てっぺんは枯れているはずですが、そんな様子は見られません。

「それならば、樹木はどこまで背が高く伸びるのだろう？」

という新たな疑問がわいてきます。こればかりは、理論的な予言はまず不可能です。自然は人間の理論をあざ笑うかのように、とんでもない事実を突きつけてくるからです。

一般にいわれていることは、水は4つの力で植物体のすみずみまで届けられるということです。

①根が地中から水を吸い上げる力（根圧）

②水の通り道、導管の中での「毛細管現象」

③葉の気孔から光合成などでできた過剰な水分を「蒸散作用」で吐き出す力

④水分子同士がどこまでもつながり続けようとする「凝集力」などです。

これら4つの力がうまくかみ合い、その総合力で水が植物体全体に行き渡るというものです。

2006年、アメリカ・カリフォルニア州のレッドウッド国立公園で、類を見ないほど背の高い3本のセコイアスギが発見されました。

いちばん背が高い木は、115mを超えていることがわかりました。これが現在最高記録の木で、ギリシア神話の神々の一人の名、「ハイペリオン」と名付けられました。

樹齢は約600～800歳、人間ならば20歳くらいに相当するそうです。ということは、これからまだ背が伸びる可能性があります。

100mも水を吸い上げる仕組み

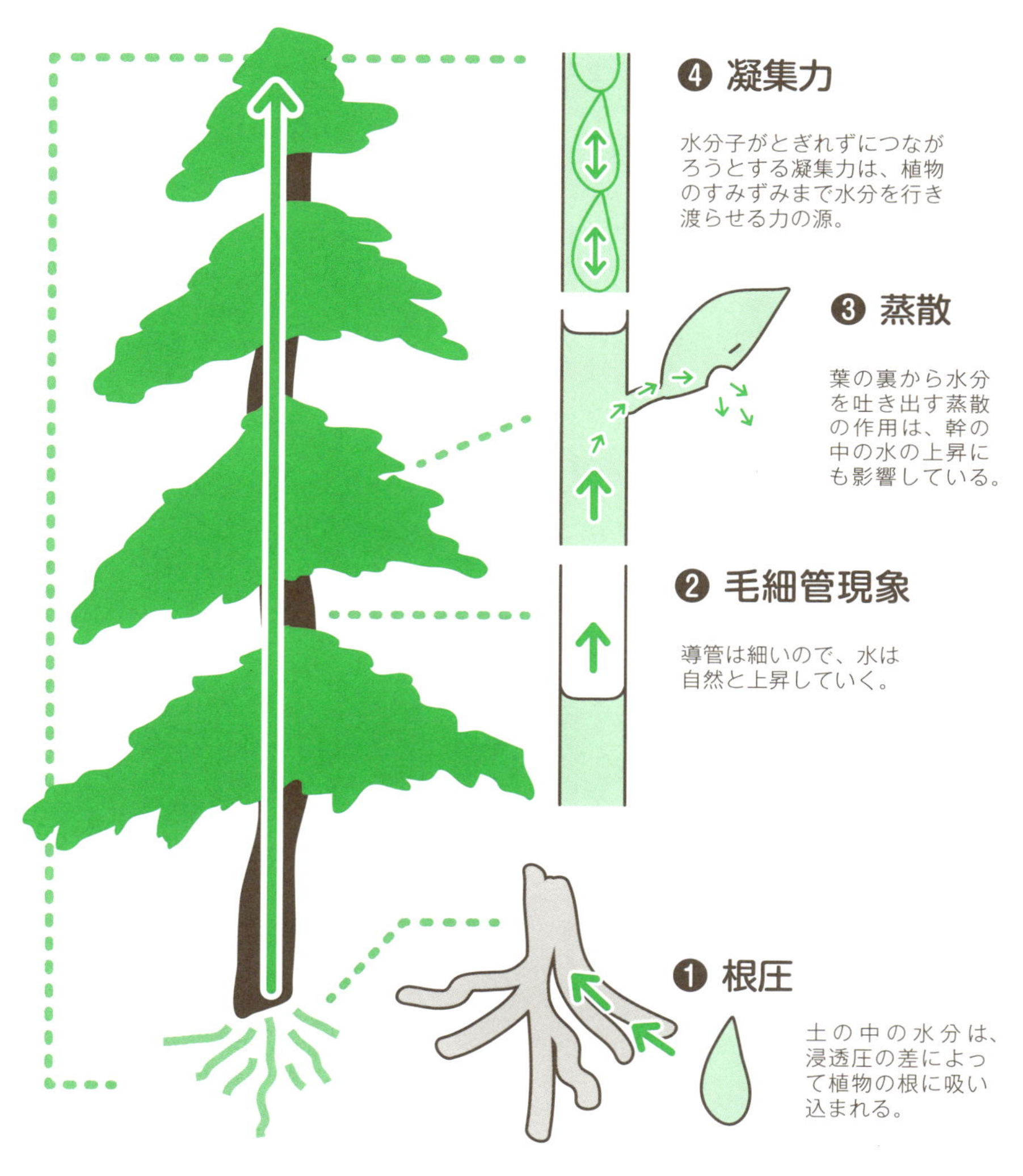

❹ 凝集力
水分子がとぎれずにつながろうとする凝集力は、植物のすみずみまで水分を行き渡らせる力の源。
❸ 蒸散
葉の裏から水分を吐き出す蒸散の作用は、幹の中の水の上昇にも影響している。
❷ 毛細管現象
導管は細いので、水は自然と上昇していく。
❶ 根圧
土の中の水分は、浸透圧の差によって植物の根に吸い込まれる。

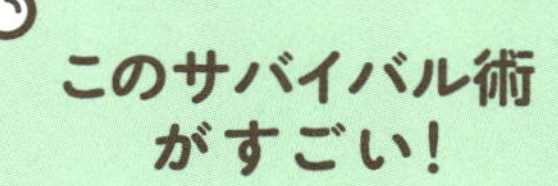

このサバイバル術がすごい！

4つの力が総合することで、水は木のすみずみまで行き渡る。現在の樹木の高さの最高記録は、115m以上上だが、いつ更新されても不思議ではない。

COLUMN 5

ガラパゴス諸島の巨大タンポポ

自然は想像をはるかに超える現象をよく見せる。その証拠のひとつが写真の「樹木」。どう見ても木にしか見えないが、何を隠そう、これは巨大なタンポポなのだ。赤道直下、太平洋の絶海の孤島群、ガラパゴス諸島のサンタ・クルス島の高地の傾斜地に自生しているスカレシアというキク科の植物で、森林を形成している。

おそらく太古に、南米大陸から草本のタンポポの種子が鳥、貿易風、海流などによって散布され、島に根付いたのかもしれない。島は海洋で隔離され、人間も競争する植物もいなかったため、タンポポはのびのびと巨大化したのだろう。ダーウィンも注目したが、離島で木本として成長した例だ。

スカレシア（キク科）

種子は1年で約4mの低木となり、2年もすると花を咲かせ実をつけ、成長すると15mにもなる。

寿命はおよそ25年。ふつうのタンポポは多年草だが、それにしても長寿命だ。エルニーニョ現象のときは、多雨となり、立ち枯れてしまうこともあるが、すぐに種子が芽吹くという。しかし現在、絶滅の危機にある。

5章

すべてはごちそうのため
植物と「光エネルギー」

Q ヒマワリが太陽の追っかけといわれる理由は？

A 植物ホルモンの影響で、追っかけは若いときだけ

ヒマワリは芽生えのときから光のある方向を追いかけます。東からだんだん西へと首振り運動しているように見えますが、東の方向に光をさえぎる障害物があれば、まずは光が差してくる方向を向いて、光が移動する方向を追いかけます。つまり、ヒマワリは太陽自体ではなく、自分がとらえることのできる光のある方向に体を向けて、刻々と光を追うわけです。

ヒマワリ（向日葵）という名前から、太陽を追うというイメージがあります。ヨーロッパやアメリカの広大な土地にあるヒマワリ畑では、芽生えのときから、葉、茎、つぼみと成長するにつれて太陽を追い、花が開くころには、見事なまでにすべてが東を向いています。このとき以降は、**成長が終わっているので、太陽を追う首振り運動はしません。つまり、ヒマワリが太陽を追いかけるのは、花が開くまでということになります。**そして周囲に光をさえぎる物がなければ、結局すべて東を向いて咲きます。

しかし、軒下などに植えたヒマワリは、東側が陰になっていれば、東西南北に関係なく、外に向かって咲くといわれています。また、1本の茎に花をいくつもつける種類では、てっぺんの花以外は、咲く方向は決まっていません。

ヒマワリに限らず植物は、少なくとも若いときならば、葉がつねに太陽に直面するように太陽を追います。ヒマワリの場合は、花が咲くまで太陽を追い続けるのです。こうした追っかけは、オーキシンという植物ホルモンの動きによります。

オーキシンは光の当たらない方向に多く集まる傾向があり、茎のその部分が伸長します。すると、それと反対の光の当たる方向にヒマワリの茎が向き、つぼみは、太陽を追うように見えるわけです。

1 ヒマワリの太陽の追っかけはオーキシンのせい

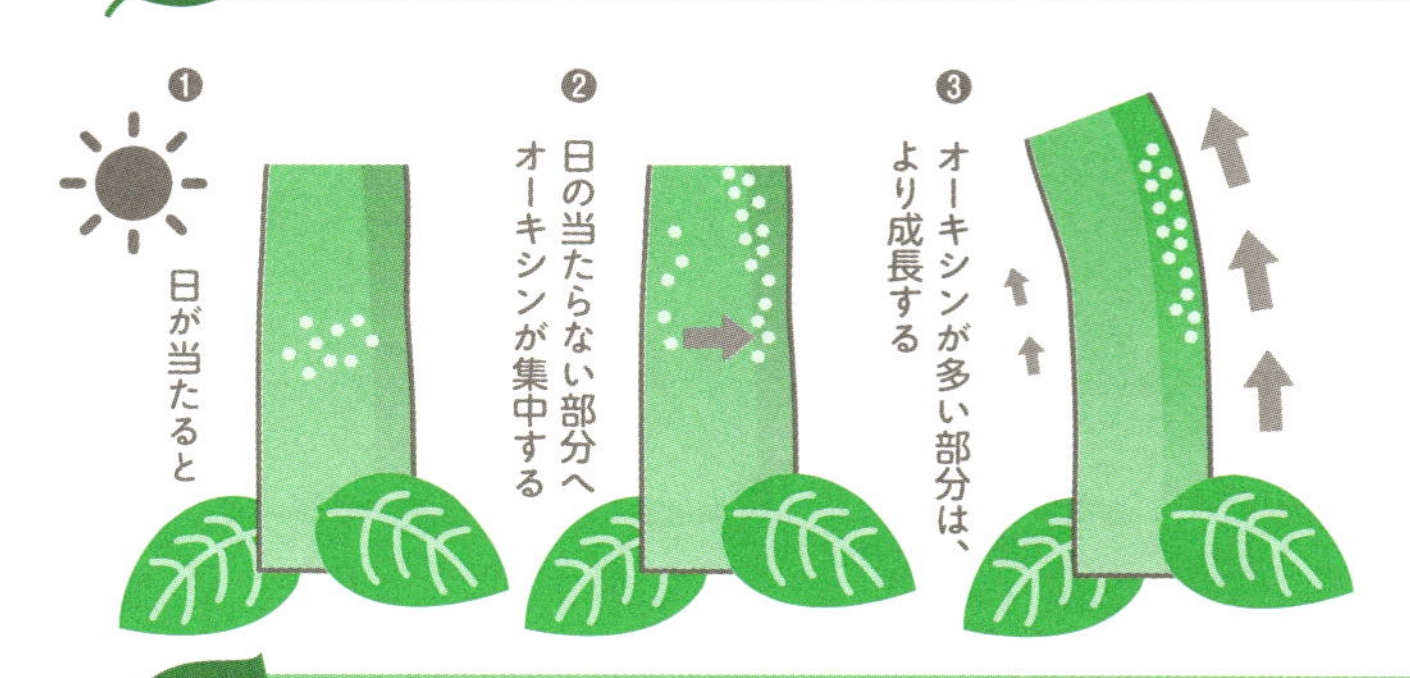

❶
日が当たると
❷
日の当たらない部分へオーキシンが集中する
❸
オーキシンが多い部分は、より成長する

オーキシンは光の当たらない方向に多く集まる傾向があるため、光の当たる方向にヒマワリの茎が向くことになる。このために、つぼみが太陽を追うように見える。

2 ヒマワリ（キク科）の特徴

舌状花と管状花（筒状花）。合わせて頭状花序。

舌状花

花びらが数枚つながって舌のようになっている花。

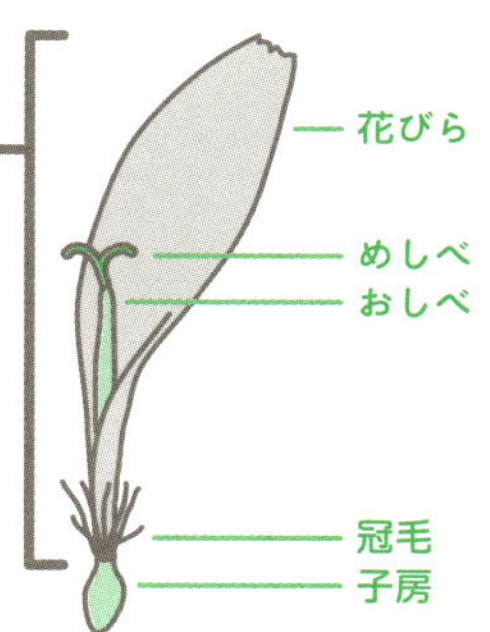

管状花

５枚の花びらが筒状にくっついている小花。

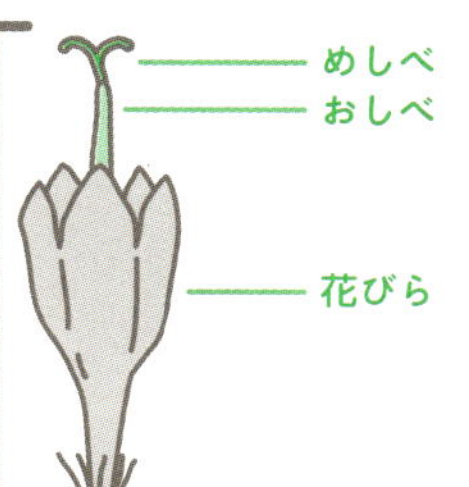

ヒマワリは北アメリカ大陸西部原産。ヒマワリの普及は、スペイン人が 16 世紀に種を持ち帰ってマドリード植物園で栽培したことが始まりとされる。スペイン国外のフランス、ロシアなどにやっと持ち出されるようになったのは、100 年後の 17 世紀とされる。

すごい！光エネルギー

ヒマワリの花自体は太陽を追わない。成長過程の茎とつぼみが追う。成長が止まったらもう動かない。茎が太陽を追うのは、植物ホルモンのオーキシンのなせる技。

Q 光合成は、どんな光で行われる？

A 植物は赤と青の光が大好き

太陽光はさまざまな色の光からできていますが、基本的には光の3原色とよばれる赤、青、緑の光からすべての色の光がつくりだせます。光合成で使われる光もこの3色で考えればよいことになります。実験によれば、**光合成には、いわゆるゴー・ストップの色、赤と青がよく使われ、緑はあまり使われないことがわかっています。**

赤や青の光は、植物が光合成をするエネルギーとなります。緑の光は葉の表面で反射して、葉が緑色に見える原因となります。さらに緑色光は、葉の中をジグザグと寄り道して葉の外へと出ていきます。この寄り道の際に、一部は光合成のためのエネルギーとなります。

光合成は、葉の中で起きている化学反応です。根から吸収した水分と、空気中から吸収した二酸化炭素で、太陽光のエネルギーを使って糖分などの栄養分と酸素をつくります。**葉の中には、葉緑体（クロロプラスト）とよばれる緑色の粒が無数にあり、その中で光合成が行われています。**葉緑体の中にクロロフィル（葉緑素）が多数あり、光のエネルギーを吸収する役割をもっています。

光合成を詳しく調べると、「明反応」と「暗反応」に分けられます。明反応には光が必要で「光化学反応」といいます。暗反応は光を必要としない反応です。暗反応は、「カルビン・ベンソン回路」ともよばれています。

明反応で水が分解されて酸素とエネルギーが出てきます。このエネルギーは暗反応で使われ、取り込まれた二酸化炭素から糖が合成され、エネルギーもまた出てきます。この時のエネルギーがまた、明反応で使われるというように、葉緑体の中で2つの反応がうまく回っていることが光合成の正体です。

1 葉が緑に見えるのはなぜか

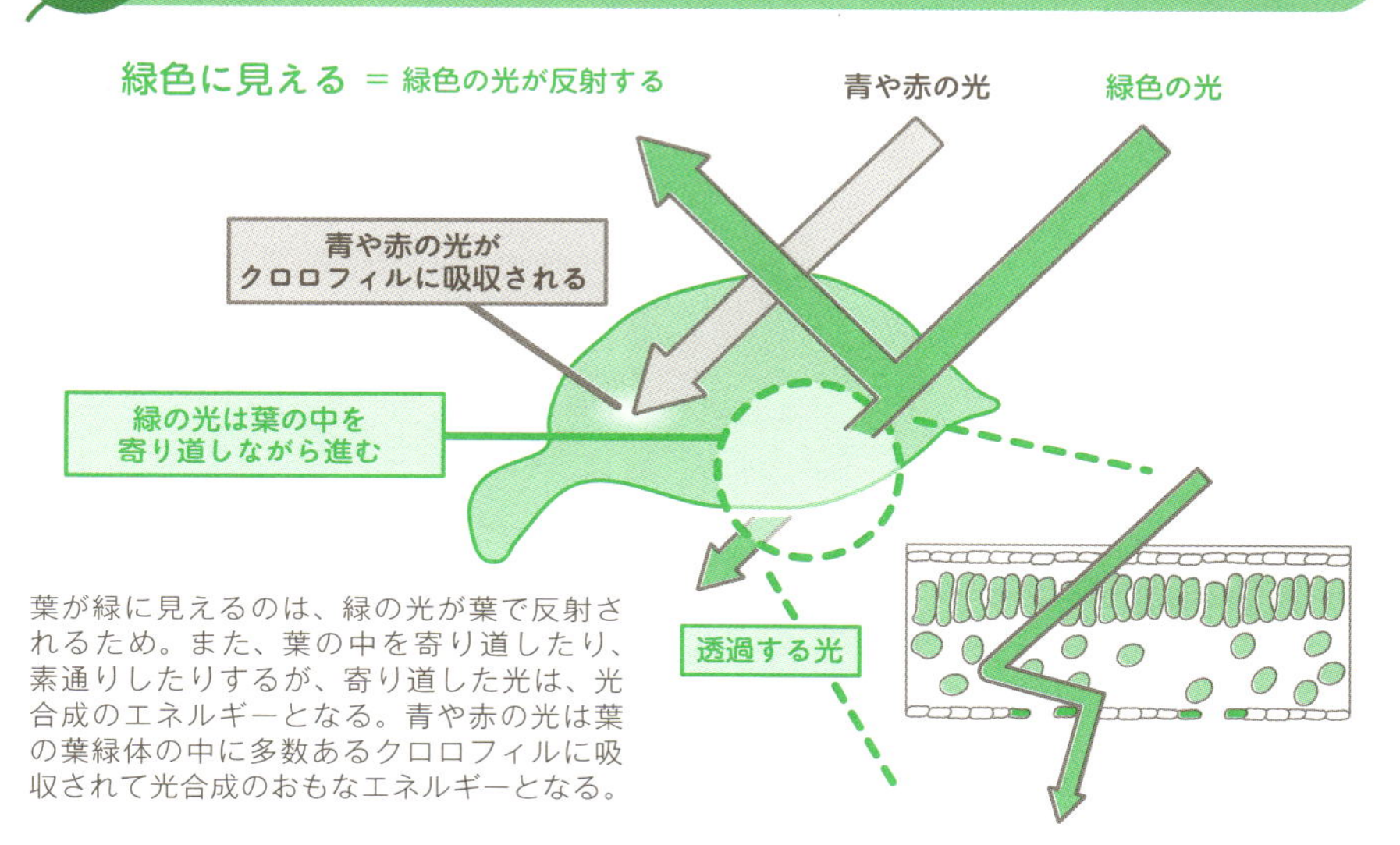

葉が緑に見えるのは、緑の光が葉で反射されるため。また、葉の中を寄り道したり、素通りしたりするが、寄り道した光は、光合成のエネルギーとなる。青や赤の光は葉の葉緑体の中に多数あるクロロフィルに吸収されて光合成のおもなエネルギーとなる。

2 光合成は、葉の中の葉緑体で行われている

右図の葉緑体の中に、チラコイドとよばれるものが多数あり、その膜の中にクロロフィルがある。ここで明反応が行われ、糖をつくるエネルギーを出す。

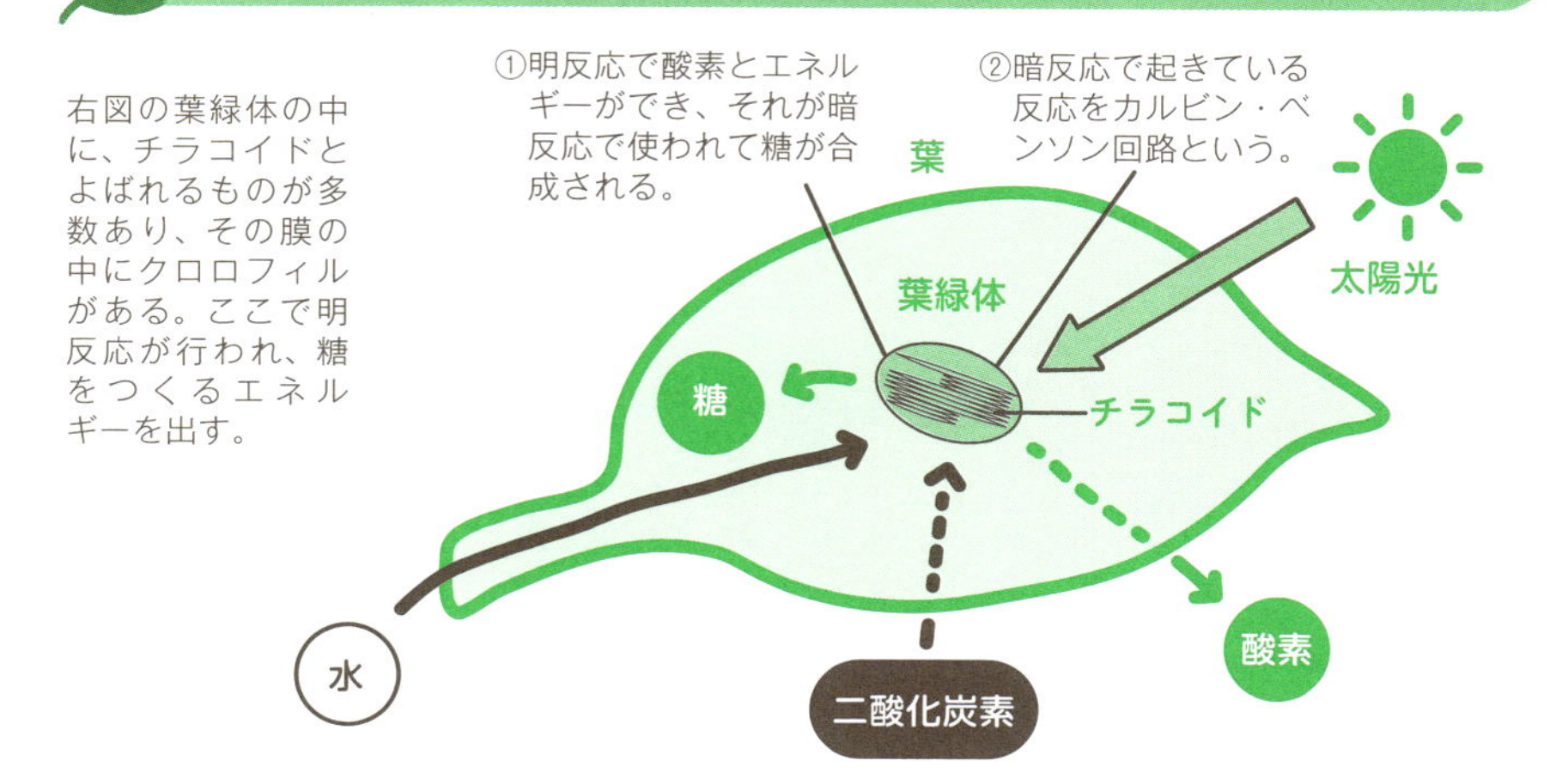

すごい！光エネルギー

光が強いと、葉緑体がダメージを受けるので、光を受けすぎないように光から逃げる。葉緑体がこうした微調整を行うことにより、光合成は滞りなく行われる。

Q 光合成をしない植物はあるの？

A 世界最大の花は寄生植物なので、光合成をしない

どんな植物も光合成をする、というのが植物界の「掟」でした。ところが、例外のないルールはないといわれるように、光合成をまったくしない植物があります。必要な栄養分は、ほかの植物に「寄生」することで得ています。

たとえば、東南アジアの島々やマレー半島のジャングルに自生する**ラフレシアは、世界最大の花として有名ですが**（8ページ）、**葉も茎も根も持っていません。したがって葉緑体がありませんから光合成をしません。**

根もなく光合成もしないので、水分や栄養分は、ラフレシアのつぼみが付着して寄生している宿主、ブドウ科の植物（ミツバカズラ）から吸い取ることで得ています。

ラフレシアが開花すると、肉の腐ったような強烈な臭いをジャングル中に発散させます。するとさっそくハエたちがやってきます。ハエは腐肉だと勘違いしてラフレシアの花に産卵しにやってきます。

じつは、**ラフレシアの花にはおばなとめばながあります。おばなの葯（やく）（花粉の入った袋）から、粘液におおわれたクリーム状の花粉が出て、花の奥に入り込んできたハエの背中につきます。**

ハエは産卵のほか、腐肉のたんぱく質を求めてきます。腐肉はないので、ハエはめばなに飛んでいき、また花の奥に入ります。すると、ハエの背中がめしべの柱頭に触れます。ラフレシアはこうして受粉しますが、できた種がどういう経緯で再びミツバカズラに付着するのかは、いまだ謎です。

おそらく、ネズミなどの小動物が種を食べ、たまたまミツバカズラのツルに糞として排出されて芽吹くのでは、という説もありますが詳細は定かではありません。

1 世界最大の花は寄生植物だった

一般にラフレシアとよばれているのは、数十種類ほどあるラフレシア科の「ラフレシア・アルノルディイ」を指す。完全寄生植物で、花は宿主から吸い取ったエネルギーで大きくなり、直径約1m に達することがある。

2 ラフレシアのライフサイクルを推測する

肉のくさったような強烈なにおいでハエを引き寄せ花粉を媒介する。

リスかモグラに似たツパイ、あるいはネズミのような小動物が実を食べ、種子が糞によってばらまかれて芽吹くとされるが、その詳細は明らかではない。

種はブドウ科植物のツルに寄生。

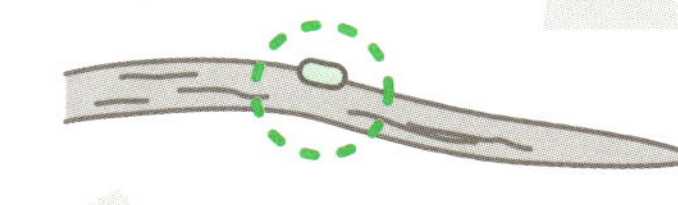

光合成をしないので、宿主から水分と養分を吸い取る

すごい！光エネルギー

完全寄生植物（ラフレシアなど）は植物のくせに光合成を行わないパラサイト的な植物。半寄生植物（ヤドリギなど）は、水分は寄生する木からもらい、養分は光合成でつくる居候的な植物。

Q 酸素のせいで光合成の効率が悪くなる?

A ルビスコという酵素が原因。でもこれが大事

光合成は、地球の生物を支える最も重要な化学反応といわれています。光合成を行う微生物のシアノバクテリアが出現したのは、約27億年前の海の中でした。その頃の大気中の酸素濃度は1%もありませんでした。そして徐々に酸素が増えていき、現在は21%です。酸素によって生物が繁栄できたのですが、酸素を連綿とつくってきた植物自身は、光合成に苦労するというジレンマに直面しています。それは**光合成を担うある酵素が、二酸化炭素だけでなく、酸素も捕えてしまうので、効率が悪くなっているからです。**

光合成を行うときには、取り込んだ二酸化炭素を固定しなければなりません。それを担っているのが、「ルビスコ」とよばれる酵素です。

ルビスコは、とても原始的な酵素で、二酸化炭素分子と酸素分子の区別がまったくできません。さらに、二酸化炭素を捕まえることはかなり難しいので、植物は多くのルビスコを使います。しかし光合成の暗反応(114ページ参照)のとき、酸素も捕らえてしまうため、非常に効率の悪いことをしているように見えます。

では、ルビスコを捨てればいいかというと、そうはいきません。ルビスコという酵素は、世界でもっとも数の多いたんぱく質といわれ、**すべての植物はルビスコを使って光合成をしています。ルビスコはまた、二酸化炭素を4つ捕らえるごとに、酸素も1つ捕えています。**この酸素からある有機物がつくられ、それがミトコンドリアという細胞内小器官に送られて、ミトコンドリアは二酸化炭素を排出します。これを「光呼吸」とよびますが、**光呼吸の途中でできた有機物は、葉緑体に戻って再び光合成に寄与します。**光合成はかなりややこしい反応です。

1 ルビスコは27億年前のシアノバクテリアにもあった

約 27 億年前、海で発生したシアノバクテリアは、明反応でできた酸素を捨て、暗反応でルビスコによって二酸化炭素を捕まえて有機化合物（糖）を合成した。ところがそのうち、捨てたはずの酸素も取り込んでしまうようになり、それが現在の多くの植物にも受け継がれている。

2 ルビスコは糖の合成に必要だが、効率が悪い

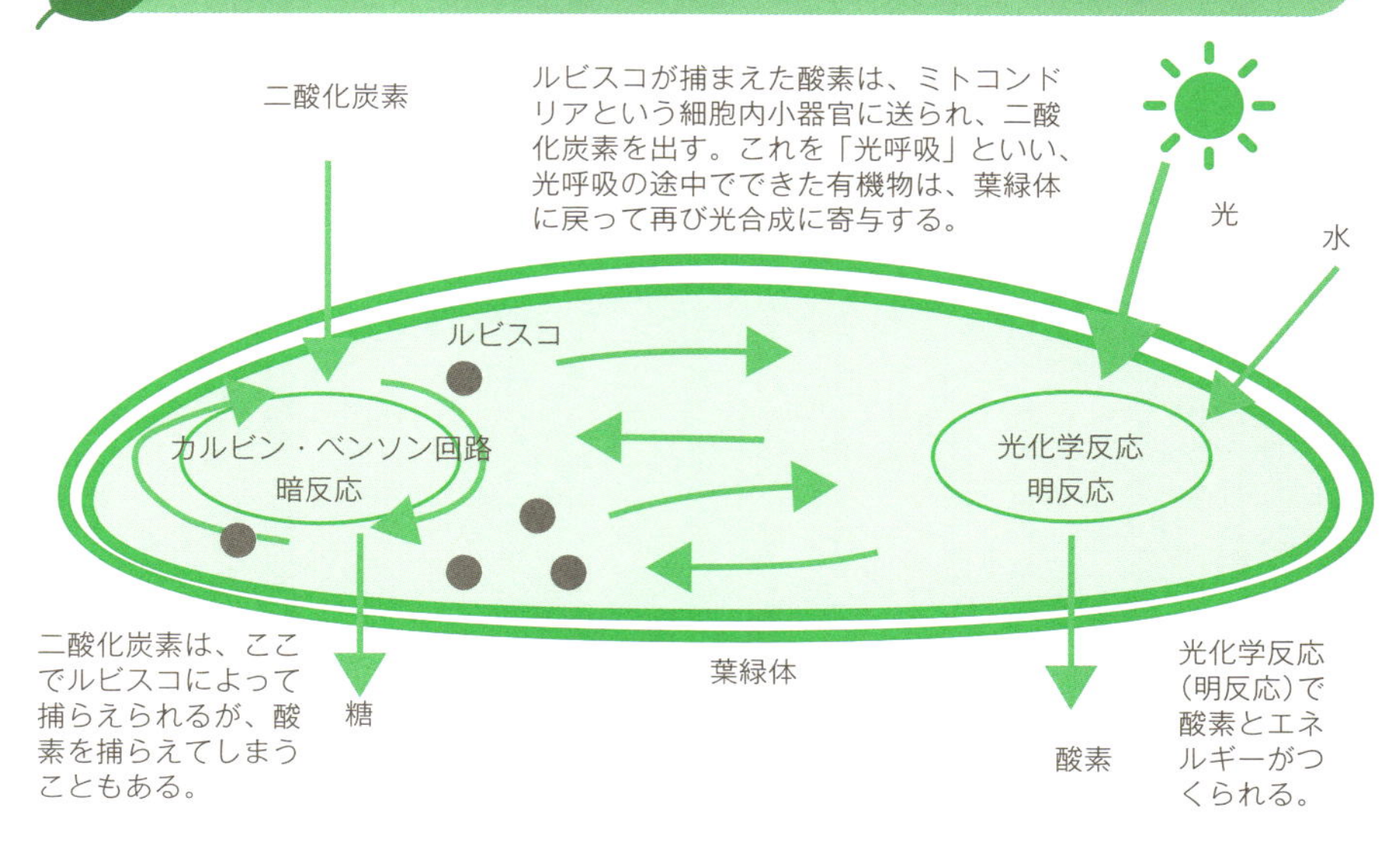

すごい！光エネルギー

二酸化炭素分子と酸素分子の区別ができないルビスコは、植物にとってジレンマの酵素。なければ光合成はできず、あっても効率が悪いからだ。

Q 光合成のしかたは、いくつもあるって本当？

A トウモロコシのような植物は、2段階に分けて光合成をする

イネやコムギをはじめとする多くの植物は、「C_3型光合成」をする植物なので、「C_3植物」とよばれています。C_3型光合成とは、よく見かける一般的な植物が行う光合成のことです。

C_3植物が光合成を行う葉緑体は、葉の葉肉細胞では発達していますが、ほかの組織ではあまり発達していません。

C_3のCは炭素のことで、二酸化炭素を固定する反応で最初にできる有機物は、炭素を3個もつ「PGA（ホスホグリセリン酸）」なので、C_3植物とよばれています。

これに対し、トウモロコシやサトウキビをはじめとする、高温環境で育つ植物には、「C_4型光合成」をする「C_4植物」とよばれる植物があります。**C_4植物はC_3植物と違い、葉肉細胞だけでなく、維管束鞘細胞にも発達した葉緑体が存在し、2段階で光合成を行うのが特徴です。**

C_4植物の場合、二酸化炭素を固定する反応で最初にできる有機物は、炭素を4個もつ「オキサロ酢酸」で、そのためC_4植物とよばれています。

C_3植物とC_4植物の光合成の似ている点と異なる点はなんでしょうか。

両者とも、最終的に糖を合成するという点は同じです。C_3植物は葉肉細胞ですべての反応が終了して糖が合成されます。

一方、C_4植物は、葉肉細胞では糖をつくらず、いったんほかの有機物をつくり、前述の維管束鞘細胞に送ります。

C_4植物には葉肉細胞に、「C_4回路」があります。最初、二酸化炭素はここで固定されていくつかの化合物となって、最後は分解され、生じた二酸化炭素からカルビン・ベンソン回路で糖が合成されます。

1 C_3植物の光合成、C_4植物の光合成

C_3植物（普通の植物）のしくみ

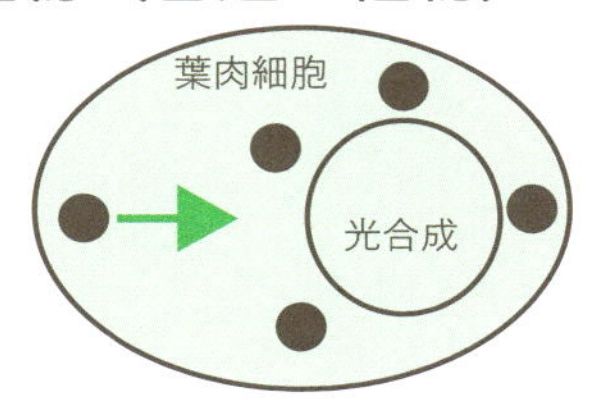

C_3 植物は、葉肉細胞で二酸化炭素から糖を合成する。C_4 植物は、まず二酸化炭素から葉肉細胞にある C_4 回路で有機物を合成し、二酸化炭素をつくってから糖をつくる。C_4 植物は C_3 植物と比べ、1日当たりの光合成速度が速く、成長速度も大きい。

C_4植物のしくみ（左はC_4回路、右はカルビン・ベンソン回路）

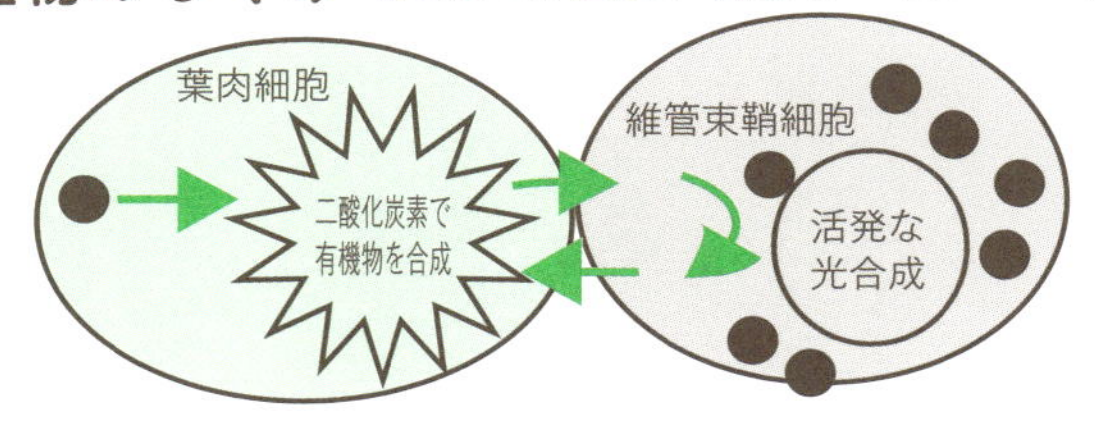

2 C_4回路とカルビン・ベンソン回路の位置

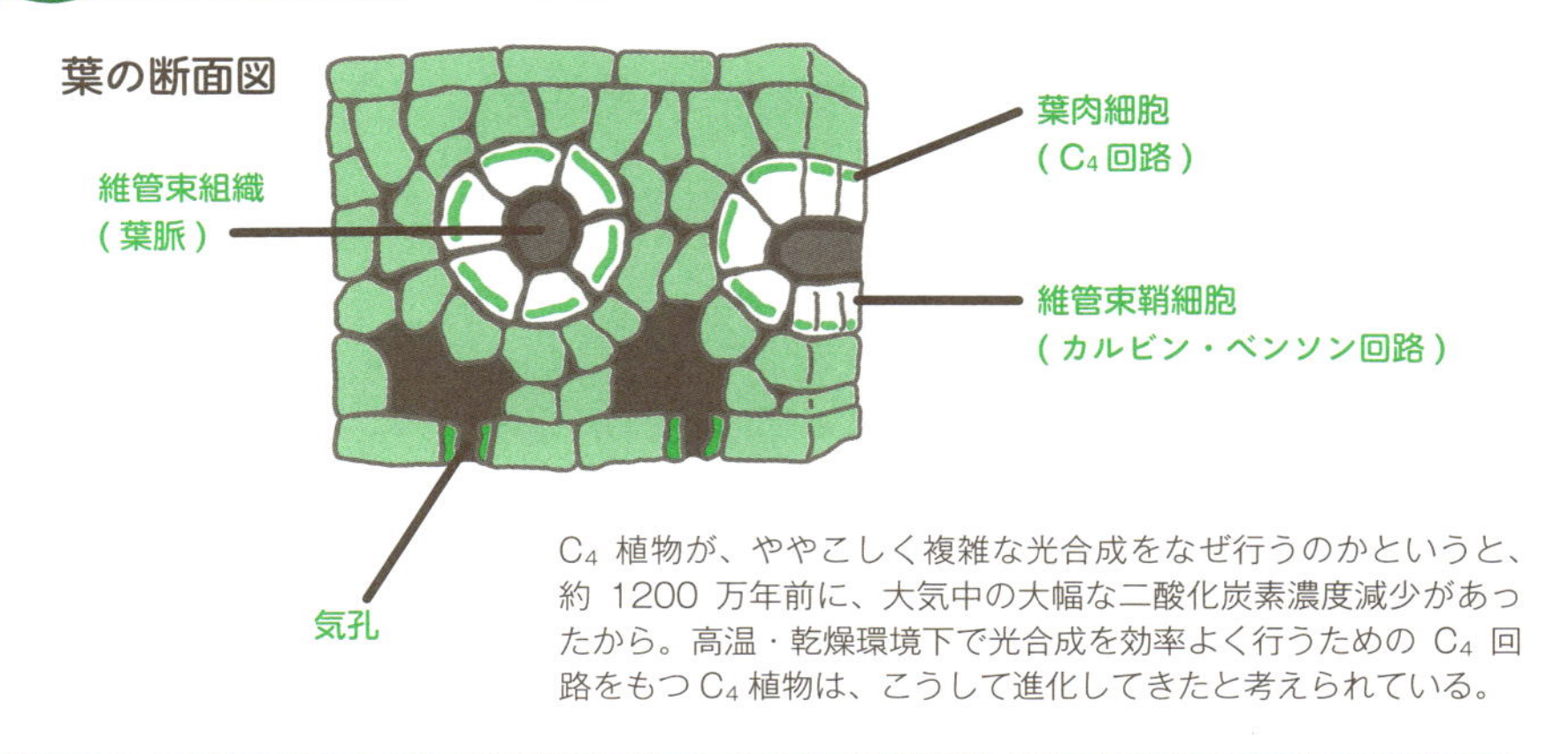

C_4 植物が、ややこしく複雑な光合成をなぜ行うのかというと、約 1200 万年前に、大気中の大幅な二酸化炭素濃度減少があったから。高温・乾燥環境下で光合成を効率よく行うための C_4 回路をもつ C_4 植物は、こうして進化してきたと考えられている。

すごい！光エネルギー

C_4 植物は、トウモロコシやサトウキビなど、高温で強光な環境でも育つ重要な作物。C_3 植物と比べて C_4 植物は1日の光合成速度が速く、成長速度も速い。

Q 昼に光合成ができない環境ではどうする？

A 夜に二酸化炭素を吸い、昼間はそれを使って光合成する植物も

乾燥した砂漠には、体内に水分を大量に蓄えているベンケイソウやサボテン、アロエなど、さまざまな多肉植物が生きています。また、みずみずしい果実をつけるパイナップルは、熱帯のやせた酸性土壌や乾燥した環境でよく育つ植物です。**これらはすべてCAM植物とよばれていて、ちょっと変わった光合成をする植物たちです。**

CAM植物のCAMとは、「ベンケイソウ型有機酸代謝」を英語で表した頭文字からきています。

砂漠のような乾燥して暑い気候の中では、昼間に葉の気孔を開いて二酸化炭素を取り込もうとすると、その気孔から、水分がどんどん蒸発し、せっかく蓄えた水分を大量に失いかねません。昼間に二酸化炭素を取り込めないとなると、昼間は光合成ができないかというと、そうではありません。光合成の大切な目的は、取り込んだ二酸化炭素を光合成によって固定して、糖などの栄養分をつくることでした。

CAM植物は、水分が失われる恐れのない夜に気孔を開いて、二酸化炭素を取り込んでおきます。そして「リンゴ酸」を合成し、細胞内の「液胞」（47ページ参照）というところに蓄えておきます。

昼間になったら、気孔をしっかり閉めて、細胞の液胞に蓄えておいたリンゴ酸を分解して二酸化炭素に戻し、葉緑体のカルビン・ベンソン回路で二酸化炭素を固定して光合成を行います。これを「CAM型光合成」といいます。

CAM型光合成を行う植物は、コケ植物を除く維管束を持つ植物全体の約6％を占めるとされ、水分が失われやすい厳しい環境で生きています。

CAM植物は、夜と昼を使い分け、2日間にわたる時間差で光合成をしています。そのため、光合成の進み方が遅くなり、成長も遅くなります。

1 暑い日中、優雅に仕事をこなすテク

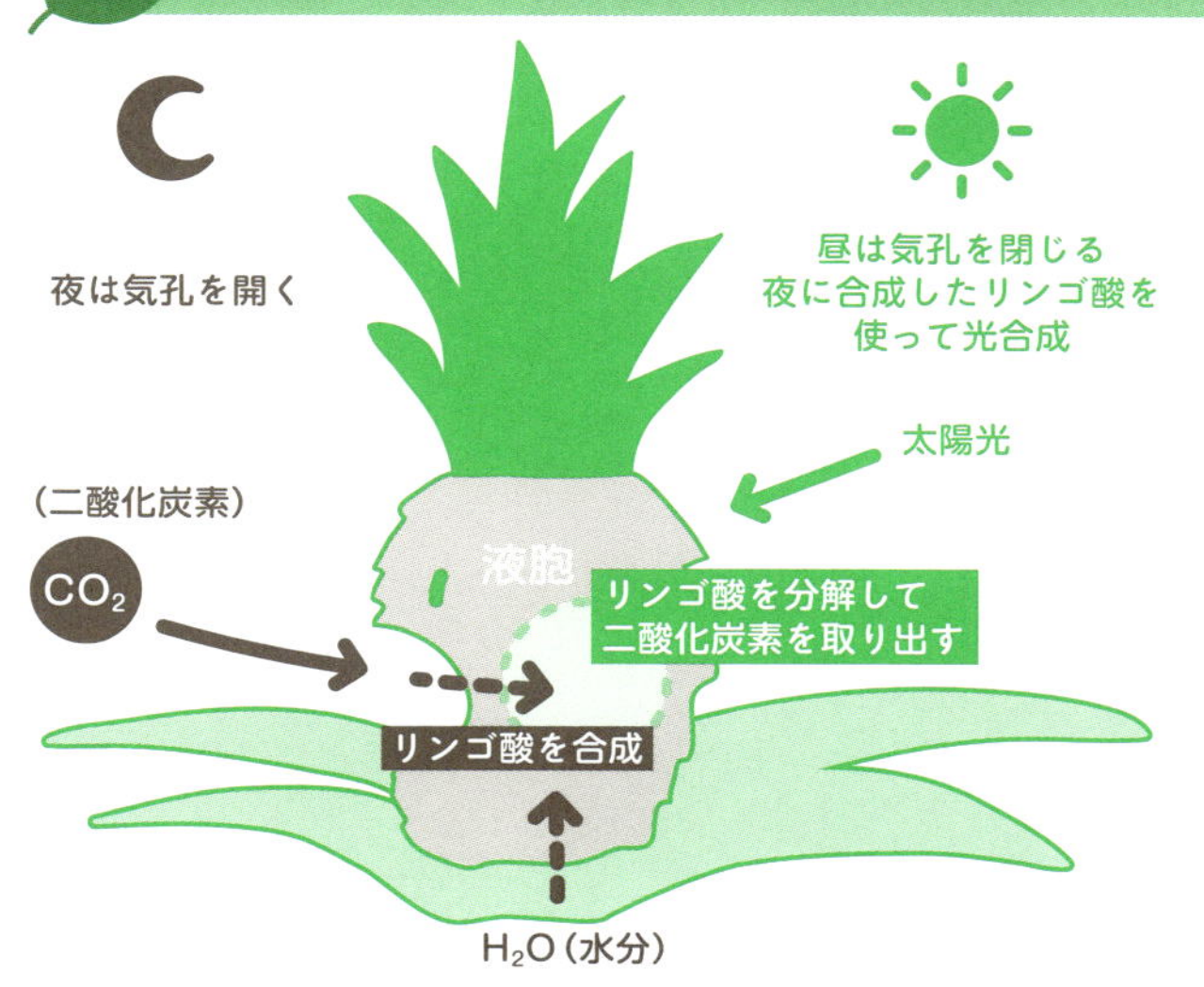

CAM 植物（アロエやサボテン、パイナップルなど）は、水分の蒸発を防ぐため、昼間は気孔を閉じ、涼しい夜間に二酸化炭素を吸収して蓄え、昼間に取り出して太陽光で光合成を行う。

2 時間差で光合成を成功させる

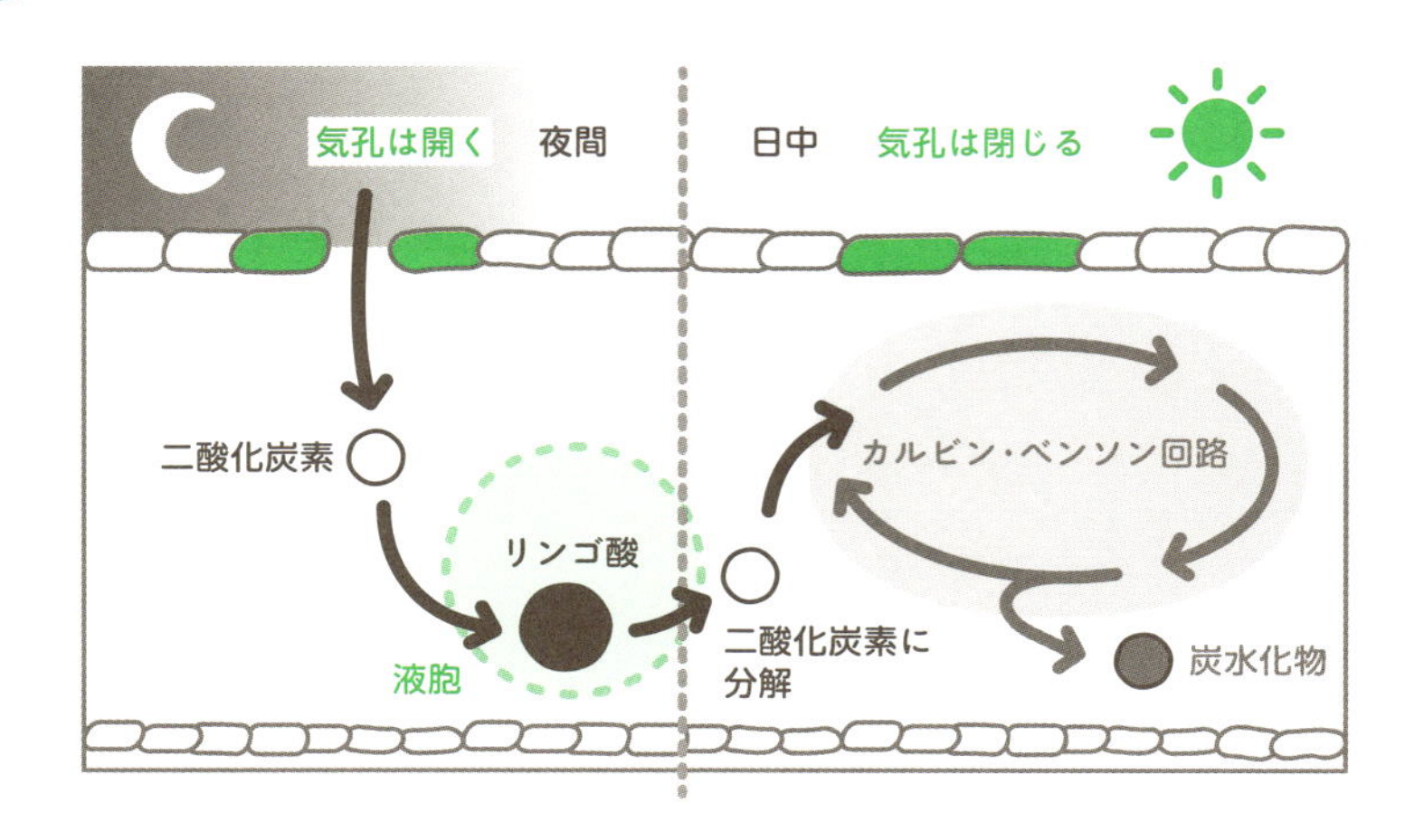

すごい！
光エネルギー

砂漠のサボテンなどや水分ストレスの大きな環境に生息する植物に多く見られる CAM 型光合成。夜 CO_2 を吸ってリンゴ酸を作り、昼間それを CO_2 に戻すのが特徴。

Q 光合成をするのは植物だけ？

A 陸上生物だけが光合成の主役ではない

光合成は約27億年前の海にいた光合成細菌やシアノバクテリアといった微生物から始まり、やがて陸上植物の誕生につながりました。現在の海でも先祖たちと同様に、微生物の植物プランクトンやコンブ、ワカメといった海藻類などが酸素を発生させています。海水中にいる植物プランクトンの中には、シアノバクテリアのなかまである「原核緑藻」という単細胞微生物が数多くいて、シアノバクテリアと同様に光合成をしています。

海は音波をよく通しますが、光はすぐに弱くなり、海の光合成をする生物は、水深150メートル以上では、光合成ができず生きていけません。しかし、**地球の長い歴史から見れば、海洋は何億年にもわたって酸素をつくってきました。このように、海水中の光合成生物には、はかりしれないパワーがあります。**

しかし、近年の研究によれば、海洋は酸素の放出源というよりは、化石燃料の消費による二酸化炭素の吸収源としての役割が大きく、陸上植物のおよそ2倍の力があることがわかりました。一方、海の**植物プランクトンは、動物プランクトンや小さな魚のエサとなり、その魚たちは、より大きな魚のエサとなるという食物連鎖の底辺にいて、結局わたしたちの生活も支えていることになります。**

ところで、人工衛星による海洋調査では、クロロフィルaの分布が調べられます。クロロフィルaは光合成に使われる葉緑素のクロロフィルの仲間で、海では植物プランクトンがもっています。これを調べると、海の植物プランクトンの多さを知ることができます。つまり、植物プランクトンが多くいる海域は、魚の豊富な海域となりますので、こうした調査は漁業にも大きく役立っています。地球の生命は、植物に支えられているわけです。

1 海にいる光合成生物も二酸化炭素を吸収する

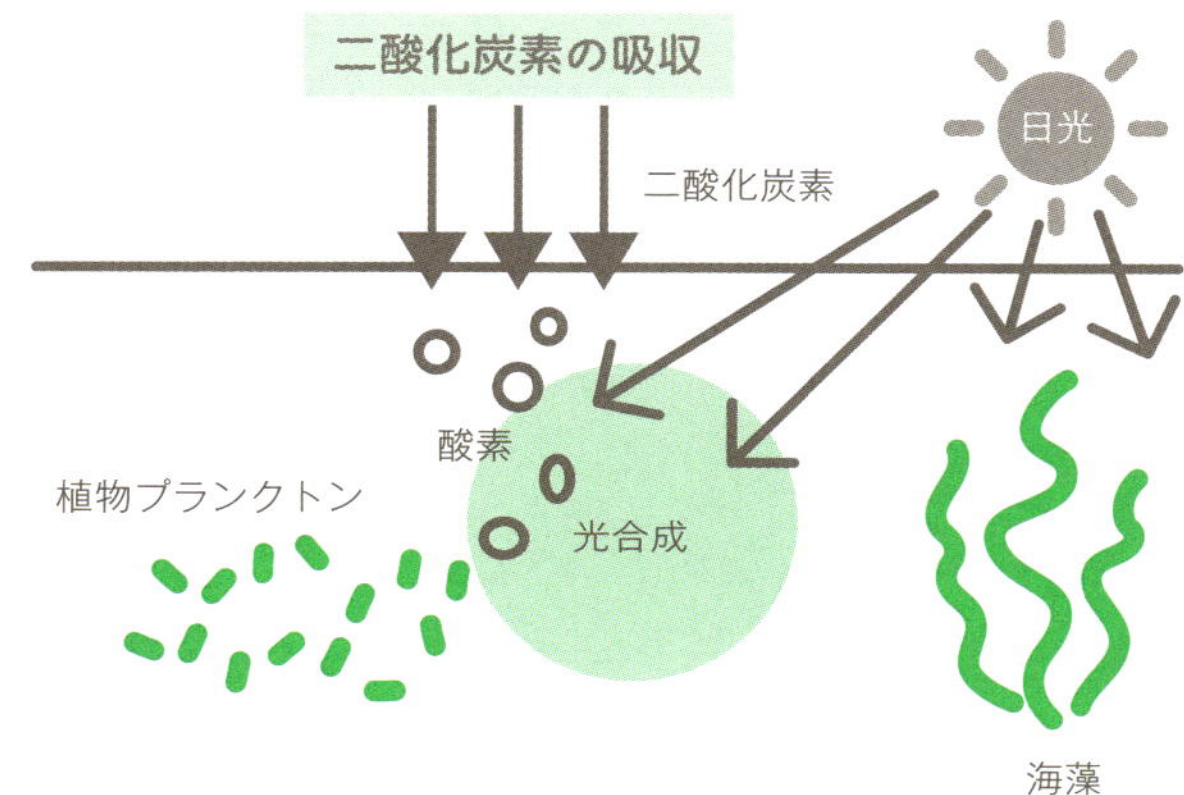

日本海事広報協会ホームページの図をもとに作成

植物プランクトンは、陸から排出される窒素、リンなど無機物質を栄養にして繁殖するから、クロロフィルaの分布状況は、海洋汚濁の目安としても使われている。

2 二酸化炭素による地球の炭素循環

大気

△ 二酸化炭素 ＝ 化石燃料 － 森林 － 海

△ 酸素 ＝ － 1.4 × 化石燃料 ＋ 1.1 × 森林

上の式は、二酸化炭素の燃料消費による増加と、森林や海による吸収を示す。下の式は、酸素の燃料消費による減少と、森林による酸素放出を示す。

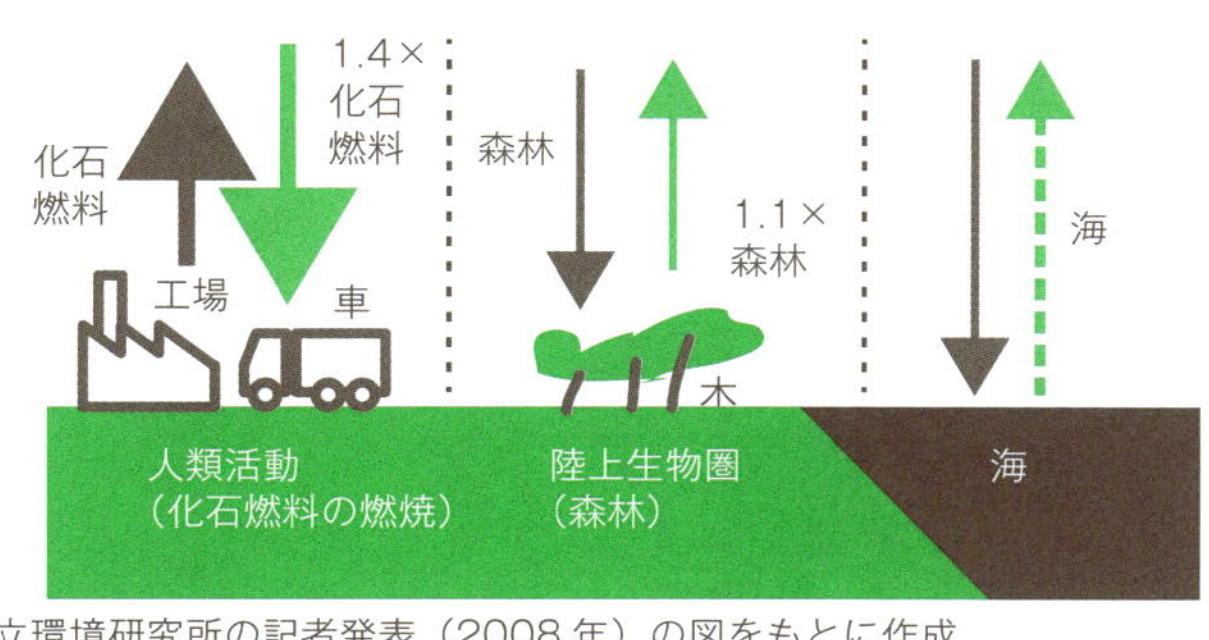

国立環境研究所の記者発表（2008年）の図をもとに作成

式の△は、二酸化炭素と酸素の増加や変化の量を示す。海洋は重要な二酸化炭素吸収装置でもある。

すごい！光エネルギー

海は二酸化炭素の超巨大な吸収装置であり、酸素の生産工場でもある。その主役である植物プランクトンが豊富な海域は、豊富な漁場でもある。

Q 植物にも血液型があるってホント？

A 血液型をもつ植物はけっこうある

わたしたちの体を流れる血液中の赤血球に含まれるヘモグロビンを調べると、分子が植物の葉緑素、クロロフィルとそっくりです。違うのは、真ん中にある元素がヘモグロビンは鉄、クロロフィルはマグネシウム、たったそれだけの差です。それなら植物には、人間と同じような血液型があるのでしょうか。

じつは、血液型をもつ植物はけっこうあります。人間の血液型は血中の「糖たんぱく」の種類で決まります。1割くらいの植物は、人間と似た糖たんぱくをもっていることが知られています。**植物の血液検査の結果、O型やAB型が多く、たとえばダイコンやキャベツはO型、ソバはAB型となるそうです。**

植物を切っても動物のように出血しませんが、動物と植物の基本的な生き方には似たところがあります。マメ科植物には、ヘモグロビンに似たクロロフィルのほかに、レグヘモグロビンがあります。名前からわかるように、レグヘモグロビンはヘモグロビンに似た働きをします。それは両者ともに酸素を運ぶ役割をしていることです。

では、レグヘモグロビンはいつ酸素を運ぶのか。まず、マメ科植物には根に丸い「根粒」とよばれるコブがたくさんあります。この中に「根粒菌」というバクテリアがいて、空気中から窒素をマメ科植物に供給します。代わりにマメ科植物は、根粒菌にすみかと栄養分を提供しますから、マメ科植物と根粒菌は「共生」という互いに利益を得る関係です。

しかし、根粒菌が窒素固定をするときにジレンマが生じます。根粒菌は窒素固定に必要なエネルギーを確保するために酸素呼吸をしますが、窒素固定に必要な酵素は、酸素があると活性を失うのです。そこで、マメ科植物はレグヘモグロビンを根粒菌に送って、素早く余分な酸素を運んで取り除きます。

1 ヘモグロビンとクロロフィルの違いは1か所

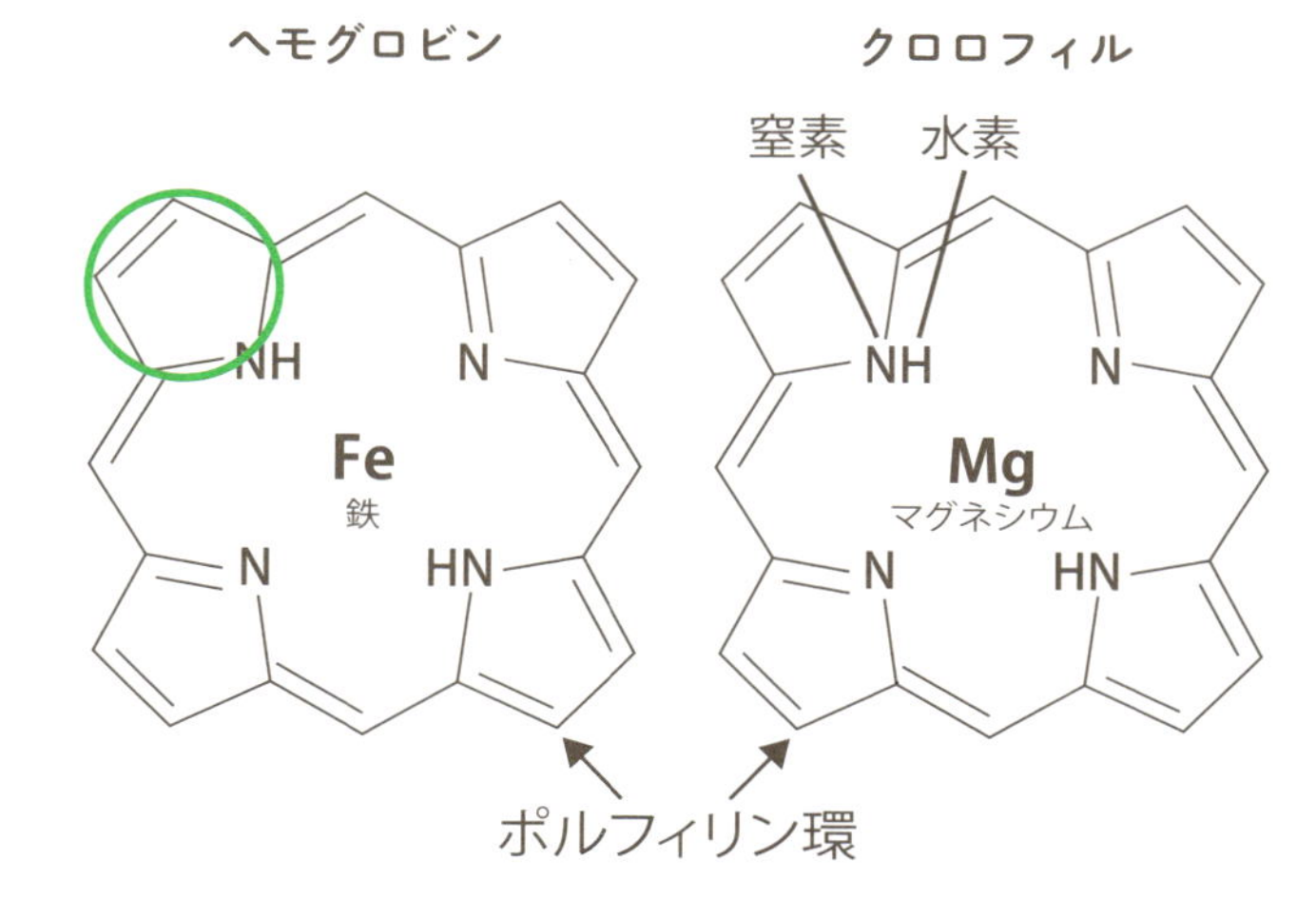

緑色の丸は、ヘモグロビンのヘムやクロロフィルなど、色素の基本の骨格。

赤血球のヘモグロビンは中心の鉄以外はクロロフィルと同じ構造。「ポルフィリン環」の真ん中が鉄（Fe）ならばヘモグロビン（左）、マグネシウム（Mg）ならばクロロフィル（右）。

2 マメ科植物と根粒菌の共生とは

マメ科植物が出すレグヘモグロビンと人間のヘモグロビンは、酸素を効率よく運ぶ点が似ている。

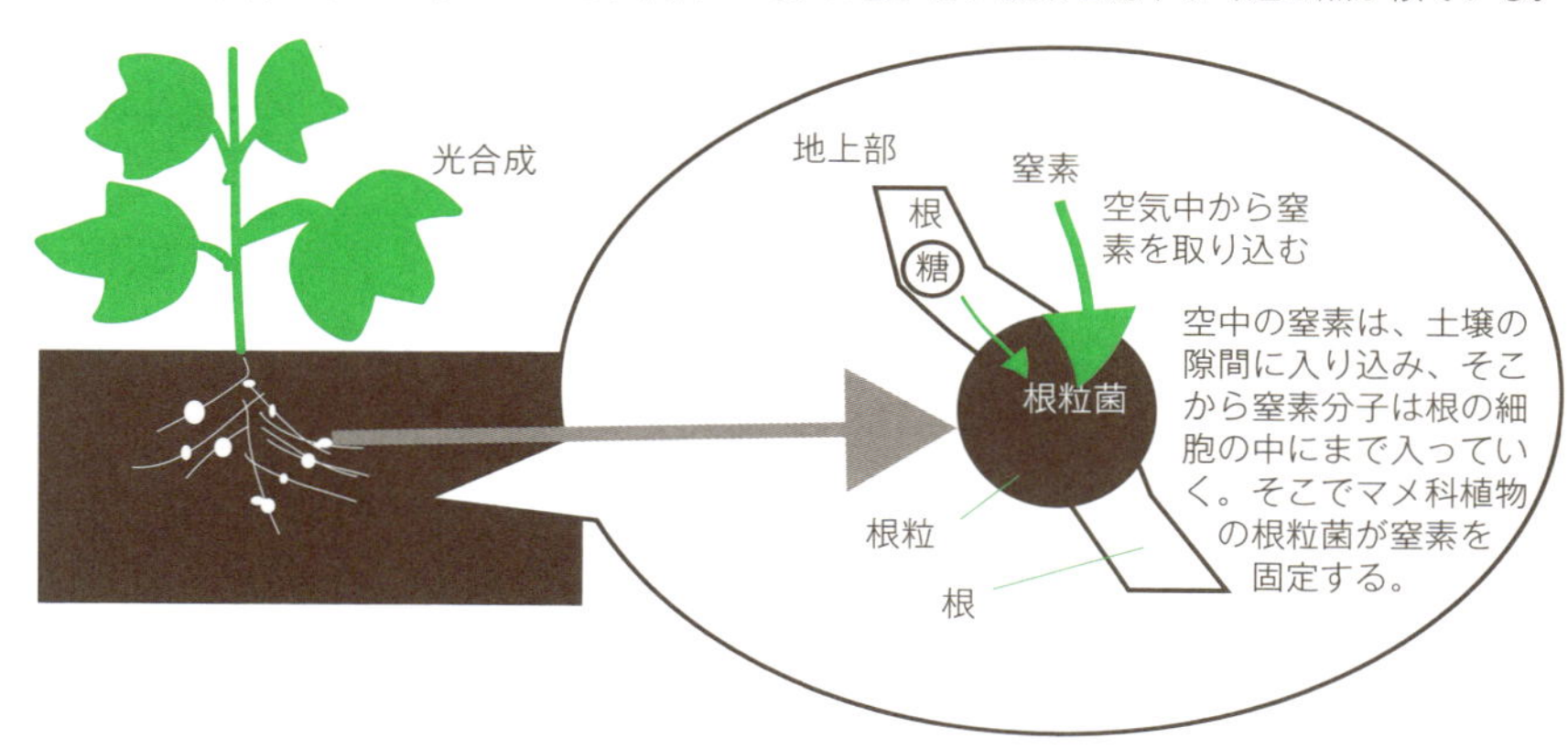

すごい！光エネルギー

人間の血液型をつくる糖たんぱくを植物ももっていることが知られている。血液型をもつ植物は、10%くらいといわれている。

監修者
稲垣栄洋（いながき・ひでひろ）

1968年静岡県生まれ。静岡大学農学部教授。農学博士、植物学者。農林水産省、静岡県農林技術研究所等を経て、現職。主な著書に『身近な雑草の愉快な生きかた』（筑摩書房）、『植物の不思議な生き方』（朝日新聞出版）、『キャベツにだって花が咲く』（光文社）、『雑草は踏まれても諦めない』（中央公論新社）、『散歩が楽しくなる雑草手帳』（東京書籍）、『弱者の戦略』（新潮社）、『面白くて眠れなくなる植物学』『怖くて眠れなくなる植物学』（ともにPHP研究所）など多数。

カバーデザイン	佐々木 恵実（ダグハウス）	編集	株式会社 アマナ
本文デザイン	引間 良基	DTP	株式会社 フレア
執筆協力	遠藤 芳文	校正	山之井 徹
写真	アマナ、フォトライブラリー、alamy stock photo、iStock、PPS通信社		

主な参考文献

『面白くて眠れなくなる植物学』（稲垣栄洋：著　PHP研究所）
『世界でいちばん素敵な花と草木の教室』（稲垣栄洋：監修／遠藤芳文：文　三才ブックス）
『植物学「超」入門』（田中　修／著　SBクリエイティブ）
『植物の体の中では何が起こっているのか』（嶋田幸久／萱原正嗣：著　ベレ出版）
『植物の私生活』（デービッド・アッテンボロー：著／門田裕一：監訳／手塚　勲・小堀民恵：訳　山と渓谷社）
『ニュートン別冊　知られざる花と植物の世界　驚異の植物　花の不思議』（ニュートンプレス）
『植物まるかじり叢書1　植物が地球をかえた！』（葛西奈津子：著／日本植物生理学会：監修／日本光合成研究会：協力　化学同人）
『植物まるかじり叢書2　植物は感じて生きている』（瀧澤美奈子：著／日本植物生理学会：監修　化学同人）
『植物まるかじり叢書3　花はなぜ咲くの？』（西村尚子：著／日本植物生理学会：監修　化学同人）
『カラー版　極限に生きる植物』（増沢武弘：著　中央公論新社）
『動く遺伝子　トウモロコシとノーベル賞』（エブリン・フォックス・ケラー：著／石館三枝子・石館康平：訳　晶文社）

眠れなくなるほど面白い　図解 植物の話

2019年4月1日　第1刷発行
2025年4月10日　第6刷発行

監修者　稲垣　栄洋
発行者　竹村　響
印刷所　TOPPANクロレ株式会社
製本所　TOPPANクロレ株式会社
発行所　株式会社日本文芸社
〒100-0003　東京都千代田区一ツ橋1-1-1　パレスサイドビル8F

© NIHONBUNGEISHA 2019
Printed in Japan 112190322-112250403 Ⓝ 06（300011）
ISBN978-4-537-21674-5

乱丁・落丁などの不良品、内容に関するお問い合わせは
小社ウェブサイトお問い合わせフォームまでお願いいたします。
ウェブサイト　https://www.nihonbungeisha.co.jp/
法律で認められた場合を除いて、本書からの複写・転載（電子化を含む）は禁じられています。
また、代行業者等の第三者による電子データ化及び電子書籍化は、いかなる場合も認められていません。
（編集担当：前川）